食品药品塑料包装板材行业质量安全控制技术

李志辉　王　毅　主编

中国石化出版社

内容提要

食品药品塑料包装在人们的生活中越来越受到重视,如何确保食品药品塑料包装在生产过程的质量安全也受到人们越来越多的关注。本书主要介绍了从原料、生产工艺、生产过程、仓储、销售、质量安全体系建立等一系列的控制措施确保食品药品塑料包装质量安全。为便于读者参考,还介绍了在生产过程中发生的安全事故案例分析和预防措施。

本书可供食品药品塑料包装板材行业从事质量安全控制技术的专业人员及相关管理者参考使用,也可作为相应专业的培训教材。

图书在版编目(CIP)数据

食品药品塑料包装板材行业质量安全控制技术 / 李志辉,王毅主编. —北京:中国石化出版社,2018. 12
ISBN 978-7-5114-4956-6

Ⅰ. ①食… Ⅱ. ①李… ②王… Ⅲ. ①食品包装-塑料制品-包装材料-生产工艺-质量控制②药品-塑料制品-包装材料-生产工艺-质量控制 Ⅳ. ①TS206. 4 ②TQ460. 6

中国版本图书馆 CIP 数据核字(2018)第 281160 号

中国石化出版社出版发行

地址:北京市朝阳区吉市口路 9 号
邮编:100020   电话:(010)59964500
发行部电话:(010)59964526
http://www. sinopec-press. com
E-mail:press@ sinopec. com
北京富泰印刷有限责任公司印刷
全国各地新华书店经销
*
710×1000 毫米 16 开本 10. 25 印张 113 千字
2018 年 12 月第 1 版   2018 年 12 月第 1 次印刷
定价:35. 00 元

编 委 会

前　言

　　我国塑料包装材料行业经过 20 多年的发展已形成一定规模，在包装市场中占有重要地位，对国民经济的建设起了积极作用。

　　随着食品医药工业的发展，食品医药塑料包装在保护食品、药品方便使用等方面发挥着重要的作用，食品药品包装制品在生产、流通和消费过程中造成的安全隐患已引起人们的重视。目前食品药品包装所用的塑料包装制品，由于原材料不合格或生产工艺不合理等原因，曾经造成食品药品直接接触不卫生的包装材料，进而使食品药品污染，对人体健康造成危害。

　　食品药品塑料包装的安全问题，近年来也是国家重视、百姓关心的一个话题。塑料包装材料在确保食品包装安全性方面，正在发挥越来越重要的作用。当前用于食品药品的塑料包装材料，主要成分是树脂和添加剂，添加剂主要有稳定剂、加工助剂、润滑剂等，只要按标准严格控制添加剂使用量，遵循正确的使用原则，塑料包装材料的性能是可以得到保证的，对人体健康不会造成危害。但如果生产工艺不合理，加工监管不严，不按标准做，以次充好，也可能会产生一些有害有毒的物质，对食品药品安全性带来不可忽视的影响，对此我们必须予以高度的重视和警惕。

　　鉴于此，编者编写了《食品药品塑料包装板材行业质量安全控制技术》这本书，详细介绍了安全控制的方法、流程及案例等，给食品药品塑料板材生产者提供参考。

书稿终告段落，掩卷思量，饮水思源，在此谨表达自身的殷切期许与拳拳谢意。在著书过程中，深刻感觉"学无止境"与"力有不逮"的压力，应该说没有各位亲朋、老师的帮助，本书不可能付梓，现一并致谢。

目 录

contents

第一章　食品包装技术

第一节　食品塑料包装材料的原料选用

一、生产原料的确定

由于合成树脂和塑料工业发展迅速，塑料材料的种类和品级日益增加，生产原料的牌号也逐渐纷繁复杂。这对于塑料制品的制造者来说，既扩大了选择范围，又增加了选择难度。过去，由于缺乏选材分析技术，人们主要凭经验选材，由此很难满足许多设计要求。为了提高产品质量、缩短生产周期、降低塑料制品的开发和生产成本，必须深入研究选材技术，全面系统地掌握选材方法。

在进行塑料选材时，只有充分了解各种塑料的性能极限，才能选用到最适宜的原料品种，使所设计的制品能够满足各种苛刻和复杂的使用条件，确保产品质量的可靠性。为此，选材时应综合考虑塑料原料的力学性能和与其使用相关的其他性能，如拉伸强度、冲击性能、疲劳性能、耐温性能、耐老化性能、光学性能、渗透性能、燃烧性能、加工性能等，并通过应力分析计算出塑料制品的结构尺寸。对于要求承受高速应力或交变应力的制品，还应了解材料的动态力学性能和在高应变率下的行为，因为材料的静态力学性能与动态力学性能或高应变率下的性能会有较大的差别。

塑料选材中遇到的另一个问题是已工业化的塑料品种和品级繁多，但其性能数据不足，由于有些性能数据的测试条件相当复杂，有的要花费很多时间，而且有些性能数据会因试验条件的改变而变化。为此，在选材时应根据实际情况具体分析，尤其是要注意该制品的使用环境、应用要求、测试条件、生产成本和经济效益。同时还要掌握正确的结构设计方法以及能够制定出合理的加工工艺，只有这样才能达到预期目的。

二、原料厂家选择

在原料厂家的选择处理时，应多比较、多筛选。为了保证产品的质量和控制产品的成本，尽量采用多种途径相结合的选择策略。

1. 直接渠道

直接渠道策略就是要找到商品的原生产厂家，直接从厂家进货。这一渠道策略的优点是：可以降低进货价格，防止假冒伪劣商品进入自己的企业。但采用直接渠道策略要考虑到原生产厂家距离的远近，若因距离过远造成商品运输成本过大则要调整策略。

2. 固定渠道

固定渠道策略就是要选择资信好、生产能力强、商品质量高的供货商，与他们建立长期的合作关系，固定进货渠道。这一策略通常适用于日常生活用品、需求量稳定的商品和厂家生产质量稳定的商品。其优点是：可以通过良好的合作关系规范采购活动，适时保障市场供应，并可通过长期的合作关系使买卖双方受益。

3. 区域渠道

区域渠道策略就是有针对性地选择货源市场。在目前市场商品极大丰富的情况下，很多商品因其特殊的生产环境和经营条件，形成了一些独具特色的商品货源产地或货源市场，采用区域渠道策略就是根据自身的经营需要，选择有特色的商品货源产地或货源市场作为进货渠道。这一策略的优点是：商品采购选择余地大，便于专门化经营。

三、原料检验控制

原、辅材料进厂后需经检验或验证合格后才能投入使用或加工。确定进货检验或验证的方法时应考虑对提供原材料的分供方的控制程序，并以文件形式作出规定。检验员应严格按《原材料进货检验制度》规定对购进材料进行检验或验证，确保未经检验或验证的材料不得入库或投产。

各工序的操作工负责对各工序的自检，自检合格后方能进行专检，自检不列为公司正式的检验工作。应确定过程检验和试验的项目和方法，以文件形式作出规定并严格执行，以确保只有经检验合格的半成品方可入库或转序。在所要求的过程检验或验证完成前不得将材料放行，公司不允许半成品例外放行。

最终检验必须在规定的进货检验和过程检验都完成后才能进行。最终检验和试验的项目和方法应形成文件，检验人员应严格按照文件规定进行全部的最终检验和试验，保证产品符合规定要求。只有在规定的各项检验和试验活动有关数据和文件齐备并得到公司授权人员认可后，产品才能发出。检验和试验活动中发现的不合格品不得将材料放行。

授权检验员应如实记录检验或验证结果，记录应能清楚地表明产品是否已按所有规定的验收标准通过了检验或验证，并标明负责产品放行的授权检验者。授权检验员应保存所规定的检验和试验的质量记录。

四、原料的存储

1. 储存区域及环境

（1）储存区分为货架存储原材料区、托盘存储原材料区、复合存储区。

（2）储存条件仓库场地须通风、通气、干净；白天保持空气流畅、下雨天应关好门窗，以保持原材料干燥，防止潮湿。

（3）仓库内原材料以常温环境储存，有特殊条件要求的，要满足其存储条件进行存储。

2. 储存安全管理要求

（1）对食品原料的保管，须遵循"三远离 一严禁"的原则，即：远离火源、远离水源、远离电源、严禁混合堆放。

（2）仓库内严禁烟火，严禁做存储工作无关的事情。

（3）认真执行货仓管理的"十二防"安全工作：防火、防水、防锈、防腐、防蛀、防爆、防电、防盗、防晒、防倒塌、防变形、防鼠灾。

3. 储存管理规定

（1）储存应遵守三原则：防火、防水、防压；定点、定位、定量；先进先出。

（2）入库原材料需做好标识牌之后入库位，原材料的存放不能超过原材料的堆码层数极限。

（3）物品上线叠放时要做到：重不压轻，铁不压木（纸），上小下大，上轻下重。

（4）所有物品应分区、分类排放整齐，并准确入相应库位。

（5）食品原料应隔离摆放，并明确标识且存储区应做好通风、防火、防爆措施。

（6）货物必须保持清洁，长期存放的材料须定期清扫灰尘，货物上不许放置任何与货物无关的物品。

（7）破损及不良品单独放置在不合格品区，并保持清洁的状态，清楚的纪录标识。

（8）托盘放置须整齐有序，上货架的货物要保证其安全性。

（9）在明确呆滞料的情况下应及时进行隔离处理，以防混料及误发不合格品上线使用。

（10）对于临时存放区的物品应做好标识并及时将其转入相应固定场所，以防止混料和损坏。

（11）原料存放区应确保各安全通道畅通，通风应良好。

第二节　食品塑料包装材料生产工艺设计

1. 聚氯乙烯(PVC)片材生产工艺流程、工序

工艺流程、工序如图 1-1、表 1-1 所示。

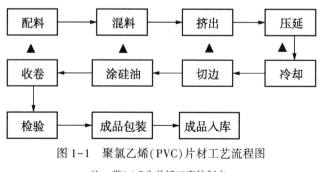

图 1-1　聚氯乙烯(PVC)片材工艺流程图

注：带"▲"为关键工序控制点。

表1-1　聚氯乙烯(PVC)片材生产关键工序、设备、工艺技术表

序号	关键工序	关键工序设备	工艺技术参数描述
1	配料	架盘天平、台秤	PVC树脂：硬脂酸钙：内润滑剂：外润滑剂：抗冲改性剂(MBS)：PVC加工助剂：稳定剂=75：0.02~0.12：0.2~0.37：0.26~0.38：4.5：0.75~0.9：0.6~1.0
2	混料	混合机组	各种辅料添加温度控制在65~125℃。严格按照工艺文件按顺序添加辅料，并搅拌均匀
3	挤出	挤出机	螺杆温度在90~210℃，螺筒温度在90~220℃
4	压延	压延机组	压延温度：1#、2#、3#、4#辊的温度在170~230℃，5#、6#辊的温度在185~215℃

2. 食品包装用聚苯乙烯(HIPS)片材生产工艺流程、工序

工艺流程、工序如图1-2、表1-2所示。

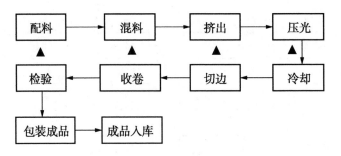

图1-2　食品包装用聚苯乙烯(HIPS)工艺流程图

注：带"▲"为关键工序控制点。

表 1-2　食品包装用聚苯乙烯(HIPS)生产关键工序、设备、工艺技术表

序号	关键工序	关键工序设备	工艺技术参数描述
1	配料	台秤	聚苯乙烯(HIPS)树脂添加≤500kg/次,回用料的添加比例≤20%/次,且每批产品回用料的添加比例相同
2	混料	干燥混合机、混合机立式干燥混合机、塑料混合机	混料温度为60℃
3	挤出	挤出片材机组、PP/PS片材生产线	挤出温度:1区185~190℃,2区190~200℃,3区200~230℃,4区205~230℃,5区210~230℃,6区215~230℃
4	压光	挤出片材机组、PP/PS片材生产线	压光温度:上辊30~50℃,中辊30~50℃,下辊25~50℃;线速度:15~40m/min

3. 聚丙烯(PP)挤出片材生产工艺流程、工序

工艺流程、工序如图 1-3、表 1-3 所示。

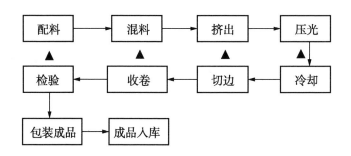

图 1-3　聚丙烯(PP)挤出片材工艺流程图

注:带"▲"为关键工序控制点。

表1-3　聚丙烯(PP)挤出片材生产关键工序、设备、工艺技术表

序号	关键工序	关键工序设备	工艺技术参数描述
1	配料	台秤	配方是聚丙烯(PP)树脂：聚乙烯(PE)树脂＝3：1或是3：2，回用料的添加比例不能超过10%/锅
2	混料	干燥混合机、混合机立式干燥混合机、塑料混合机	混料温度为60℃，搅拌20min搅拌均匀
3	挤出	挤出片材机组、PP/PS片材生产线	挤出温度：1区185～190℃，2区190～200℃，3区200～230℃，4区205～230℃，5区210～230℃，6区215～230℃
4	压光	挤出片材机组、PP/PS片材生产线	压光温度：上辊30～50℃，中辊30～50℃，下辊25～50℃；线速度：15～40m/min

4. 聚对苯二甲酸乙二醇酯(PET)片材生产工艺流程、工序

工艺流程、工序如图1-4、表1-4所示。

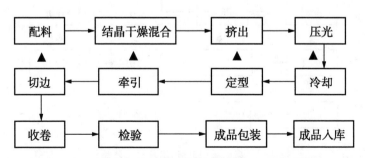

图1-4　聚对苯二甲酸乙二醇酯(PET)片材工艺流程图

注：带"▲"为关键工序控制点。

表1-4　聚对苯二甲酸乙二醇酯(PET)生产关键工序、设备、工艺技术表

序号	关键工序	关键工序设备	工艺技术参数描述
1	配料	电子吊秤	聚对苯二甲酸乙二醇酯(PET)树脂每次添加≤2200kg，回用料的添加比例≤10%/次，且每批产品回用料的添加比例相同
2	结晶干燥混合	PET混合机	PET一线结晶干燥温度控制在170～190℃，时间3～4h。PET二、三线混合时间30～40min，常温混合
3	挤出	PET片材生产线行星螺杆流延挤出机	温度为1区230～310℃，2区230～320℃，3区230～290℃，4区、5区230～275℃
4	压光	PET片材生产线行星螺杆流延挤出机	压光温度：1#、2#辊在23～45℃，3#、4#辊在35～50℃

第三节　设备选用

一、原则

所谓设备选型既是从多种可以满足相同需要的不同型号、规格的设备中，经过技术经济的分析评价，选择最佳方案以作出购买决策。合理选择设备，可使有限的资金发挥最大的经济效益。

设备选型应遵循的原则如下：

生产上适用——所选购的设备应与本企业扩大生产规模或开发新产品等需求相适应。

技术上先进——在满足生产需要的前提下，要求其性能指标保持先进水平，以利提高产品质量和延长其技术寿命。

经济上合理——即要求设备价格合理，在使用过程中能耗、维护费用低，并且回收期较短。

设备选型首先应考虑的是生产上适用，只有生产上适用的设备才能发挥其投资效果；其次是技术上先进，技术上先进必须以生产适用为前提，以获得最大经济效益为目的；最后，把生产上适用、技术上先进与经济上合理统一起来。一般情况下，技术先进与经济合理是统一的。因为技术先进的设备不仅具有很高的生产效率，而且生产的产品也是高质量的。但是，有时两者也是矛盾的。例如，某台设备效益较高，但可能能源消耗量很大，或者设备的零部件磨损很快，所以，根据总的经济效益来衡量就不一定适宜。有些设备技术上很先进，自动化程度很高，适合于大批量连续生产，但在生产批量不大的情况下使用，往往负荷不足，不能充分发挥设备的能力，而且这类设备通常价格很高，维持费用大，从总的经济效益来看是不合算的，因而也是不可取的。

二、设备主要参数的选择

1. 生产率

设备的生产率一般用设备单位时间(分、时、月、班、年)的产品产量来表示。设备生产率要与企业的经营方针、工厂的规划、生产计划、运输能力、技术力量、劳动力、动力和原材料供应等相适应，不能盲目要求生产率越高越好，否则生产不平衡，服务供应工作跟不上，不仅不能发挥全部效果反而造成损失，因为生产率高的设备，一般自动化程度高、投资多、能耗大、维护复杂，如不能达到设计产量，单位产品的平均成本就会增高。

2. 工艺性

机器设备最基本的一条是要符合产品工艺的技术要求，把设备满足生产工艺要求的能力叫工艺性。例如：加热设备要满足产品工艺的最高和最低温度要求、温度均匀性和温度控制精度等。除上面基本要求外，设备操作控制的要求也很重要，一般要求设备操作轻便，控制灵活。产量大的设备自动化程度应高，进行有危险性作业的设备则要求能自动控制或远距离监督控制等。

3. 设备的可靠性

可靠性是保持和提高设备生产率的前提条件。人们投资购置设备都希望设备能无故障地工作，以期达到预期的目的，这就是设备可靠性的概念。

可靠性在很大程度上在于设备设计与制造。因此，在进行设备选型时必须考虑设备的设计制造质量。

选择设备可靠性时要求使其主要零部件平均故障间隔期越长越好，具体的可以从设备设计选择的安全系数、冗余性设计、环境设计、元器件稳定性设计、安全性设计和人机因素等方面进行分析。

随着产品的不断更新对设备的可靠性要求也不断提高，设备的设计制造商应提供产品设计的可靠性指标，方便用户选择设备。

4. 设备的维修性

同样，人们希望投资购置的设备一旦发生故障后能方便地进行维修，即设备的维修性要好，选择设备时，对设备的维修性可以从以下几个方面衡量：

（1）设备的技术图纸、资料齐全。便于维修人员了解设备结构，易于拆装、检查。

（2）结构设计合理，设备结构的总体布局应符合可达性原则，各零部件和结构应易于接近，便于检查与维修。

（3）结构的简单性，在符合使用要求的前提下，设备的结构应力求简单，需维修的零部件数量越少越好，拆卸较容易，并能迅速更换易损件。

（4）标准化、组合化原则。设备尽可能采用标准零部件和元器件，容易被拆成几个独立的部件、装置和组件，并且不需要特殊手段即可装配成整机。

（5）结构先进。设备尽量采用自动调整、磨损自动补偿和预防措施自动化原理来设计。

（6）状态监测与故障诊断能力。可以利用设备上的仪器、仪表、传感器和配套仪器来监测设备有关部位的温度、压力、电压、电流、振动频率、消耗功率、效率、自动检测成品及设备输出参数动态等，以判断设备的技术状态和故障部位。今后，高效、精密、复杂设备中具有诊断能力的将会越来越多，故障诊断能力将成为设备设计的重要内容之一，检测和诊断软件也成为设备必不可少的一部分。

（7）提供特殊工具和仪器、适量的备件或有方便的供应渠道。

5. 设备的安全性

安全性是设备对生产安全的保障性能，即设备应具有必要的安全防护设计与装置，以避免带来人、机事故和经济损失。

在设备选型中，若遇到新投入使用的安全防护性元部件，必须要求其提供实验和使用情况报告等资料。

6. 设备的操作性

设备的操作性属人机工程学范畴内容，总的要求是方便、可靠、安全，符合人机工程学原理，通常要考虑的主要事项如下：

（1）操作机构及其所设位置符合劳动保护法规要求，适合一般体型的操作者的要求。

（2）充分考虑操作者生理限度，不能使其在法定的操作时间内承受超高体能限度的操作力、活动节奏、动作速度、耐久力等。例如操作手柄和操作轮的位置及操作力必须合理，脚踏板控制部位和节拍及其操作力必须符合劳动法规规定。

（3）设备及其操作室的设计必须符合有利于减轻劳动者精神疲劳的要求。例如，设备及其控制室内的噪声必须小于规定值；设备控制信号、油漆色调、危险警示等必须尽可能地符合绝大多数操作者的生理与心理要求。

7. 设备的环保与节能

工业、交通运输业和建筑业等行业企业设备的环保性，通常是指其噪声振动和有害物质排放等对周围环境的影响程度，在设备选型时必须要求其噪声、振动频率和有害物排放等控制在国家和地区标准的规定范围内。

设备的能源消耗是指其一次能源或二次能源消耗，通常是以设备单位开动时间的能源消耗量来表示；在化工、冶金和交通运输行业，也有以单位产量的能源消耗量来评价设备的能耗情况。在选型时，无论哪种类型的企业，其所选购的设备必须要符合国家《节约能源法》规定的各项标准要求。

8. 设备的经济性

设备选择的经济性，其定义范围很宽，各企业可视自身的特点和需要而从中选择影响设备经济性的主要因素进行分析论证。设备选型时要考虑的经济性影响因素主要有：初期投资；对产品的适应性；生产效率；耐久性；能源与原材料消耗；维护修理费用等。

设备的初期投资主要指购置费、运输与保险费、安装费、辅助设施费、培训费、关税费等。在选购设备时不能简单寻求价格便宜而降低其他影响因素的评价标准，尤其要充分考虑停机损失、维修、备件和能源消耗等项费用，以及各项管理费。总之，以设备寿命周期费用为依据衡量设备的经济性，在寿命周期费用合理的基础上追求设备投资的经济效益最高。

三、环境与安装位置选择

具体要求如下：

（1）场地有足够的照明，现场清洁、防尘、防静电，电源可用。

（2）一般普通设备对室温没有具体要求，但大量实践表明，当室温过高时数控系统的故障率大大增加。潮湿的环境会降低数控机床的可靠性，尤其在酸气较大的潮湿环境下，会使印制线路板和接插件锈蚀，电气故障也会增加。因此在夏季和雨季时应对设备环境有去湿的措施。

（3）工作环境温度应在 $0\sim35℃$ 之间，避免阳光对设备直接照射，室内应配有良好的灯光照明设备。

（4）工作环境相对湿度应小于75%。设备应安装在远离液体飞溅的场所，并防止厂房滴漏。

（5）远离过多粉尘和有腐蚀性气体的环境。

第四节　食品塑料包装材料生产过程控制

一、产前设备检修与清洁

设备维修可分为计划性预防维修，从保证设备安全运行角度来说，更应强调预防性维修。计划性维修是根据设备磨损规律和设备故障规律，制定设备的维修保养和维修方式。根据维修的作用不同，维修方式可分为保养、针对性修理、计划修理、项目修理、改造维修等，选择确定维修方式的依据主要是设备及其零部件的磨损程度、性能、精度劣化以及故障发生的可能性。

二、三级保养制

设备维护保养工作，依据工作量大小和难易程度，分为日常保养、一级保养和二级保养，所形成的维护保养制度称为"三级保养制"。

1. 日常保养

日常保养是操作工人每班必须进行的设备保养工作，其内容包括：清扫、加油、调整、更换个别零件、检查润滑、异音、安全以及损伤等情况。日常保养配合日常点检进行，是一种不单独占据工时的设备保养方式。

2. 一级保养

一级保养是以定期检查为主，辅以维护性检修的一种间接预防性维修形式。其主要工作内容是：检查、清扫、调整各设备的零部件；检查配电柜线路、除尘、紧固；发现故障隐患和异常，要予以排除，并排除泄漏现象等。设备经一级保养后要求达到：外观清洁、明亮；无尘土；操作灵活，运转正常；安全防护、指示仪表齐全、可靠。保养人员应将保养的主要内容、保养过程中发现和排除的隐患、异常、试运转结果、运行性能等，以及存在的问题做好记录。一级保养以操作工为主，专业维修人员配合并指导。

3. 二级保养

二级保养是以维持设备的技术状况为主的检修形式。二级保养的工作量介于修理和小修理的部分工作，又要完成中修理的一部分，主要针对设备易损零部件的磨损与损坏进行修复或更换。二级保养要完成一级保养的全部工作，还要求润滑部位全部清洗，结合换油周期检查润滑油质，进行清洗换油。检查设备的动态技术状况与主要精度(噪音、振动、温升、表面粗糙度等)，调整安装水平，更换或修复零部件，清洗或更换电机轴承，测量绝缘电阻等。经二级保养后要求精度和性能达到工艺要求，无漏油、漏气、漏电现象，声响、振动、压力、温升等符合标准。二级保养前后应对设备进行动、静技术状况测定，并认真做好保养记录。二级保养以专业维修人员为主，操作工参加。

4. 设备三级保养制的制订

为了使设备三级保养规范化，应根据设备各零部件的磨损情况、性能、精度劣化程度以及故障发生的可能性等，制订出各零部件的保养周期、保养内容和保养类别计划表，作为设备运行保养的依据。

三、设备维修

设备维修的基本内容包括：设备维护保养、设备检查和设备修理。

1. 设备维护保养

设备维护保养的内容是保持设备清洁、整齐、润滑良好、安全运行，包括及时紧固松动的紧固件，调整活动部分的间隙等。简言之，即"清洁、润滑、紧固、调整、防腐"十字作业法。实践证明，设备的寿命在很大程度上决定于维护保养的好坏。维护保养依工作量大小和难易程度分为日常保养、一级保养、二级保养、三级保养等。

日常保养，又称例行保养。其主要内容是：进行清洁、润滑、紧固易松动的零件，检查零件、部件的完整。这类保养的项目和部位较少，大多数在设备的外部。

一级保养。主要内容是：普遍地进行拧紧、清洁、润滑、紧固，还要部分地进行调整。日常保养和一级保养一般由操作工人承担。

二级保养。主要内容包括内部清洁、润滑、局部解体检查和调整。

三级保养。主要是对设备主体部分进行解体检查和调整工作，必要时对达到规定磨损限度的零件加以更换。此外，还要对主要零部件的磨损情况进行测量、鉴定和记录。二级保养、三级保养在操作工人参加下，一般由专职保养维修工人承担。

在各类维护保养中，日常保养是基础。保养的类别和内容，要针对不同设备的特点加以规定，不仅要考虑到设备的生产工艺、结构复杂程度、规模大小等具体情况和特点，同时要考虑到不同工业企业内部长期形成的维修习惯。

2. 设备检查

设备检查，是指对设备的运行情况、工作精度、磨损或腐蚀程度进行测量和校验。通过检查，全面掌握机器设备的技术状况和磨损情况，及时查明和消除设备的隐患，有目的地做好修理前的准备工作，以提高修理质量，缩短修理时间。

检查按时间间隔分为日常检查和定期检查。日常检查由设备操作人员执行，同日常保养结合起来，目的是及时发现不正常的技术状况，进行必要的维护保养工作。定期检查是按照计划，在操作者参加下，定期由专职维修工执行。目的是通过检查，全面准确地掌握零件磨损的实际情况，以便确定是否有进行修理的必要。

检查按技术功能，可分为机能检查和精度检查。机能检查是指对设备的各项机能进行检查与测定，如是否漏油、漏水、漏气，防尘密闭性如何，零件耐高温、高速、高压的性能如何等。精度检查是指对设备的实际加工精度进行检查和测定，以便确定设备精度的优劣程度，为设备验收、修理和更新提供依据。

3. 设备修理

设备修理，是指修复由于日常的或不正常的原因而造成的设备损坏和精度劣化。通过修理更换磨损、老化、腐蚀的零部件，可以使设备性能得到恢复。设备的修理和维护保养是设备维修的不同方面，二者由于工作内容与作用的区别是不能相互替代的，应把二者同时做好，以便相互配合、相互补充。

（1）设备修理的种类

根据修理范围的大小、修理间隔期长短、修理费用多少，设备修理可分为小修理、中修理和大修理三类。

小修理　小修理通常只需修复、更换部分磨损较快和使用期限等于或小于修理间隔期的零件，调整设备的局部结构，以保证设备能正常运转到计划修理时间。小修理的特点是：修理次数多，工作量小，每次修理时间短。小修理一般由在职维修工人执行。

中修理　中修理是对设备进行部分解体、修理或更换部分主要零件与基准件，或修理使用期限等于或小于修理间隔期的零件；同时要检查整个机械系统，紧固所有机件，消除扩大的间隙，校正设备的基准，以保证机器设备能恢复和达到应有的标准和技术要求。中修理的特点是：修理次数较多，工作量不是很大，每次修理时间较短，修理费用计入维修基金费用。中修理的大部分项目由项目的专职维修工在设备现场进行，个别要求高的项目可由专业外单位承担，修理后要组织检查验收并办理送修和承修单位交接手续。

大修理　大修理是指通过更换，恢复其主要零部件，恢复设备原有精度、性能和生产效率而进行的全面修理。大修理的特点是：修理次数少，工作量大，每次修理时间较长，修理费用由大修维修基金支付。设备大修后，质量管理部门和设备管理部门应组织使用和承修单位有关人员共同检查验收，合格后送修单位与承修单位办理交接手续。

（2）设备修理的方法

常用的设备修理的方法主要有以下一些：

标准修理法，又称强制修理法，是指根据设备零件的使用寿命，预先编制具体的修理计划，明确规定设备的修理日期、类别和内容。设备运转到规定的期限，不管其技术状况好坏，任务轻重，都必须按照规定的作业范围和要求进行修理。此方法有利于做好修理前准备工作，有效保证设备的正常运转，但有时会造成过度修理，增加了修理费用。

定期修理法，是指根据零件的使用寿命、生产类型、工件条件和有关定额资料，事先规定出各类计划修理的固定顺序、计划修理间隔期及其修理工作量。在修理前通常根据设备状态来确定修理内容。此方法有利于做好修理前准备工作，有利于采用先进修理技术，减少修理费用。

检查后修理法，是指根据设备零部件的磨损资料，事先只规定检查次数和时间，而每次修理的具体期限、类别和内容均由检查后的结果来决定。这种方法简单易行，但由于修理计划性较差，检查时有可能由于对设备状况的主观判断误差引起零件的过度磨损或故障。

四、生产人员配备与培训

生产人员的配备，就是要为已经设置的生产岗位和确定的生产编制找到适合的人选。生产总监在抓生产人员配备的工作时，需要关注标准、途径、规则和培训四个环节，做到以岗位要求为标准，以直接有效择途径，以适者生存做规则，以注重实效搞培训。

1. 按照岗位要求配备

生产岗位人员的配备标准，必须按照岗位的要求。岗位的要求可以概括为三大类：一是不同类型的岗位，二是相同类型的岗位，三是特殊岗位。

（1）不同类型的岗位要求。不同类型的岗位，上岗要求有很大差别。管理岗、技工岗、操作岗、辅助岗，对上岗人员的标准各不相同，要求相当悬殊。管理岗要求有一定的知识层次、管理知识和实战经验；技工岗要求专门的不同等级的技能；操作岗要求对操作对象有掌控的能力；而辅助岗的要求则会相对低很多，可能只要有一定的责任心和好的身体就可以上岗，如搬运工。

（2）相同类型的岗位。相同类型的岗位，在不同的岗位上也会有不同的要求。以操作工为例，如果你是混料操作工，就必须掌握混料的技能；如果你是挤出操作工，就必须掌握操作挤出机的技能；如果你是打包操作工，就必须掌握收卷的技能；如果你是裁片操作工，就必须掌握切割的技能；如果你是流水线装配操作工，就必须掌握产品装配的技能。

（3）特殊类型的岗位要求。有的岗位可能对体能有特殊的要求，如装卸工；有的岗位可能对性别有特殊的要求，如炼钢工；

有的岗位可能对年龄有特殊的要求，如缝纫工；有的岗位可能对资格有特殊的要求，如电工、司机等，需要有相关的电工证或驾驶证等。所以，岗位要求是生产人员配置的唯一标准。

2. 生产人员的配备

生产人员的配备，主要途径有三个，一是招聘，二是竞聘，三是调配。

（1）招聘。招聘主要在厂外开展；可以通过报纸、网站等形式发布招聘信息，公布拟招聘的岗位、人数，详细列明岗位要求和福利待遇；在对应聘人员进行筛选的基础上确定面试人选，最后择优录用。

（2）竞聘。当有空缺职位出现时，在企业内部进行竞争聘用也是一种方法，通过竞岗的形式，将适合的人员选聘到所需的岗位。竞聘的程序包括成立竞聘领导小组、发布竞聘信息、竞聘者报名、领导小组决定竞聘人选、竞聘讲演、领导小组评议、征求群众意见、决定聘用人员等。

（3）调配。除了招聘和竞聘以外，企业还可以通过内部调配的方法进行岗位补缺。当生产岗位出现空缺时，企业可以根据管理级别，由相应的部门进行相关岗位的调配工作。进行岗位调配时要注意三条：一是过程透明，不能暗箱操作；二是标准相同，必须择优选用；三是机会均等，不得厚此薄彼。也就是要做到公开、公平、公正。

3. 遵循适者生存规则

生产岗位人员的配备，要遵循优胜劣汰、适者生存的规则。企业要对上岗员工进行绩效管理，定期考核员工岗位责任的落实情况、生产任务的完成情况，对不能履行岗位职责、不能完成任务者要分情况处理，对经过培训、超过限期仍不能胜任者，就必须辞退或变换岗位，把岗位让给可以胜任工作的人。

绩效管理，主要有落实指标、定期考核、奖惩兑现三个步骤：

落实指标。根据不同岗位落实不同的指标，指标的要求是量化的、可行的、可持续改善的。如定额指标、合格率指标、安全指标等。

定期考核。按季考核、年终评定，考核的要求是数据可靠、方法客观、过程公开、结果明确。如数据由专门部门收集、有专用的考核表、采用公开评议的方式、结果是比较科学的等。

奖惩兑现。依据考核结果兑现奖惩，兑现的要求是对考核结果优秀的员工进行奖励，包括荣誉称号、奖金、晋级等；对考核结果差的员工进行处罚，包括培训、调岗、扣奖金、降级或者解雇等。

对生产岗位员工进行绩效管理，是遵循适者生存规则的最好方法。

4. 培训以实效为重

生产岗位设置、确定、配备完成后，还有一项重要的工作就是岗位培训。岗位培训的内容、形式、时间都要讲求实效。

（1）培训内容。岗位培训的内容主要包括"应知""应会""应学"等。"应知"部分如部门特性、岗位职责、质量要求、安全知识、作业程序、管理标准等。"应会"部分如操作设备、使用工具、储存物料、执行工艺等。"应学"部分主要是指作业技能，如经济动作、最佳路线等。

（2）培训形式。培训可采用书面、环境、现场、专项等形式。书面培训就是把培训内容编印成材料或小手册，发给在岗员工，人手一册，便于查阅。环境培训就是把有关的要求、标准、知识做成题板，张贴悬挂在显著位置，随时提醒。现场培训就是通过实例进行训练，让员工身临其境，增强记忆。专项培训就是对特定对象和特别事项，进行单独培训，定向提升。

（3）培训时间。培训时间可以安排在班前、班内、班后；可以在岗，也可以离岗；时间可以是几分钟，也可以是半天一天。两小时的讲座是一种培训，几句简单的提醒语也是一种培训。培训不要拘泥于时间的长短，重要的是要起到作用。

综上所述，无论是培训内容，还是培训形式，或是培训时间，都要注重实效性。实效性才是岗位培训的重心。

五、生产过程控制

1. 生产现场环境

生产现场环境由生产部及车间按《工作环境控制程序》执行，确保生产设施处于清洁有序的状态。

2. 应急计划

为保障对顾客及时供应，防止因意外情况影响供货及时，由生产部组织各相关部门针对可能出现的停电，停水，原材料/外购件短缺，劳动力短缺，关键设备故障，装运前通知系统故障等非自然灾害造成的偶发性事故制订应急计划。应急计划须注明计划的具体实施部门/人，具体应急措施及相应控制要求，确保计划的可行性，并经主管部门审核，副总经理批准。

3. 工序标准控制

在下列因素发生变化情况下，由生产部、质检部组织相关人员实施验证工序标准变动的适应性。

生产前的各类文件如《操作规程》《检验规程》等指导性文件，应按《文件控制程序》的规定进行发放和控制，确保各使用场所的文件到位齐全。

各部门负责实施、验证上述对口的工序标准变动的适应性，若发现难以适应时，应及时提出更改申请，报对口部门审批后，新标准生效，更改工序标准按《文件控制程序》规定执行。

4. 工序状态控制

生产部、质检部有关人员要互相配合进行工序状态控制、保持工序与工序标准相一致。

车间员工按生产计划、工艺规程、作业标准进行生产作业，并做好自检、互检及作好相关生产记录，发现问题应及时向生产部和品管部报告。

生产部负责人要经常巡视现场，检查工艺及工艺执行情况和产品，检查生产用具的定置摆放、工艺环境情况的落实，当发现偏差应及时纠正或通知相关部门处理并作好相应记录。

维修部要按《设备管理控制程序》和《测量设备控制程序》规定要求定期检查各机器设备及其运行条件是否符合工艺要求，不符合时要及时对其进行调整和维修。

质检部应在关键工序建立关键工序控制点，发现批量不合格时，应及时通知生产车间进行纠正，并有权将设备停机待处理，并及时向上级领导汇报并做好相关记录。

质检员每天应进行工艺检查，抽检半成品，具体依《产品检验和试验控制程序》并做好相应的检验记录。当生产过程发现违反工艺情况时，品管部应按有关规定对相关责任人进行处理。

生产过程发生的质量问题按《不合格品控制程序》进行处理，并按《纠正措施控制程序》和《预防措施控制程序》规定要求对其采取纠正和预防措施，同时品管部必须对其进行跟踪验证。

各工序人员必须培训合格后才能上岗，其培训要求具体按

《人力资源控制程序》规定进行。

六、生产过程检测记录

1. 检验制度

为提高全体职工的质量意识，生产需严格执行"三检制"的管理制度，即：自检、互检、专检。

（1）自检 生产者需对本道工序的成品和半成品按照相应图纸要求、工艺参数进行自我检验，并将产品的测量结果和对应编号认真填写在报检单上，对没有自检记录的按不合格品处理。

（2）互检 为切断不合格品流转途径，避免造成生产浪费，生产者需对上道工序生产的产品进行检验，并将不合格品的编号，测量结果填写在生产记录上，及时通知上道工序调整生产工艺，报请质检员对互检出的不合格品进行复检。对没有进行互检造成的生产浪费，同时追究互检工序生产者的责任。

（3）专检 由相关负责的质检员对相应产品的跟踪抽检，并做好相应的检验记录，对生产者的报检进行验证，验证合格者进行报检单签字。根据各工序的生产特征严格按照检验规定进行检验，违反规定及因检验造成的质量损失质检部门及质检员必须承担相关责任。

2. 检验程序

（1）流水作业工序在生产过程中应进行：首件必检，过程巡检。

首件必检 每班、次生产及新工件生产，每个工序加工完成的首件(前3~5件)，生产者需按相关规定对其进行自检，检验合格后报请质检员进行复检，首件检验合格后由质检员在生产记录上签字，方可进行批量生产。

过程巡检　为保证产品质量的稳定性,在生产过程中生产者需每半小时按照相关规定进行自检一次;检验员每小时至少巡检一次(抽样数量为3~5件),做好巡检记录,并对巡检过程中生产的产品负责。巡检时必须同时检查生产者是否按工艺要求作业。

(2)其他生产工序生产的产品应按照相关规定进行全部检验。

3. 检验结果判定

(1)对于生产过程中检验出的不合格品均需由质检员进行鉴定,质检员填写不合格品处理卡,做好相应的检验记录,并在不合格品醒目位置做"返工"或"报废"的标记。

(2)返修后的产品生产者持不合格品处理卡报质检员进行复检,检验合格后在不合格品处理卡上签字,同一工序、同一质量缺陷的工件返工不得超过两次,返工两次未合格者按废品处理;报废品直接放置到报废品区域。

第五节　食品塑料包装材料成品仓库管理

一、成品检验控制

按照生产计划进行生产,并将生产情况进行记录,把成品放入待检区,在产品包装上粘贴产品标签。产品标签上标明生产线、生产日期、规格型号、卷号、检验员、重量等重要信息,表明该产品待检。

根据《食品包装用聚氯乙烯硬片、膜》(GB/T 15267—1994)、《聚丙烯(PP)挤出片材》(QB/T 2471—2000)、《食品包装用聚对苯二甲酸乙二醇酯（PET）片材》（Q/JDS 02—2017）、《食品包装用聚苯乙烯（HIPS）片材》（Q/JDT 01—2017）等工艺技术文件对产品进行外观及其性能检测，并登记相应记录等。检验过程中如出现有争议或无法按标准判定时，应上报质检部，由其统一处理。只有在规定的各项检验和实验完成后，并且作出相应的检验状态标识后，产品方可办理入库。

对检验中出现的不合格品，按照《不合格品管理制度》进行处理，严禁不合格品出厂。同时制定不合格次返工方案，确保返工方案是不合格品产生原因的纠正措施。成品检验按照相应的标准检验。

二、成品分类放置

一般分为五个区域：成品、半成品待检区；返修品区；待处理品区；废品区；成品、半成品合格区。

成品入库不得随意摆放，车间入库人员要遵守仓库人员入库安排并有义务对在入库过程中产生的各种垃圾及时清理出仓库现场。有产成品入库均需质检检验并签字后方可有资格入库，对无质检检验签字的产成品，仓库有权拒收。入库手续齐全的产成品入库，仓库人员不得无故拒收、延收。入库验收要准确核对入库信息与实物信息的一致性，如发现不一致则有义务告知且更改正确后方可办理相关交接手续。仓库人员要及时将产成品入相应库区，不准随意存放产成品。

成品仓储物料区域标识清楚，储存物料必须有相应的产品标识、规格型号、数量等信息，保证账卡物一致。物料储存时应整齐放置，分类存放，严禁将重物压在轻物品上。产成品储存处应保持清洁干燥，以避免产成品受潮污染、摆放应整齐，排列井然有序；严禁倒置及控制高度。产成品存储区域须做好防火措施，消防通道需保持顺畅无障碍。每月盘点产成品，清查型号、数量等是否账实一致，对不合格品要及时进行隔离保管并联系相关部门及时处理。所有物品应分区、分类排放整齐，并准确入相应库位。

三、成品仓库安全防范

（1）仓库组长：定期对员工进行安全培训，监督整个操作程序的执行情况。

（2）仓库班长：协助仓库组长进行安全培训，并定期检查，监督整个操作程序的执行情况且严格执行本操作程序。

（3）仓管员：严格执行本操作程序，使仓库工作在有序、安全的情况下顺利开展。

四、机械安全防范

仓库内叉车作业安全及相关要求详见《叉车岗位操作规程》。提升和电动工具的使用者必须经培训，正确掌握工具的使用；为提高职工安全素质，防止伤亡事故，减少职业危害，仓库组长需定时对员工进行安全培训；仓库全体员工必须认真学习安全防范及消防安全知识，严格执行企业安全的各项规章制度，做好防火、防盗、防汛、防工伤事故的出现，同时要学会使用各类灭火器材，各灭火器材使用情况由公司安全部门负责培训。

五、人身安全防范

在仓库作业的区域内，行人必须在指定的行走区域内行走，车辆必须在指定的区域内行驶、停靠；公司配备急救药箱，药箱

内应存放创可贴、红药水、碘酊、酒精、棉签、药棉、绷带、纱布、胶布等，并定期检查数量是否充足；不可在光滑或涂油的物件上行走；所用梯凳，不可有油垢，放置要牢固；装车期间，仓库人员如发现提货司机在车边或车底休息，应立刻予以制止；装车期间，提货司机拉盖帆布时，应注意防止帆布破裂；所有现场作业人员在作业过程中发现事故隐患或者其他不安全因素，应当立即停止作业并向上级主管报告。

六、信息和物资安全管理

所有电子信息资料应给予备份，并加保护口令，涉及使用仓库电脑的人员不得随意向非使用者泄露开机和应用软件密码，以防止重要资料和信息受损失。对于外来的质量信息资料，应妥善保管，并存放在有锁的文件柜内；内部的资料，应分类存档，并在保存期内妥善保存；凡经授权进入成品库的仓管人员，一律着公司配发的工作服，佩戴胸卡；凡未经授权的人员一律不得进入此区域；非本部门人员需进入库区公干、领用产品的，责任仓管员必须在现场陪同；在所涉及库区的范围内，禁止吸烟、动用明火，在施工过程中涉及烧焊的，需安全部开具动火作业单，清理动火区域并准备好消防设备；仓库内必须配备充分、完好、适用的消防器材并放置在明显方便的地方，每月对其进行定期检查并在《消防器材自检表》作相应的记录；为了维护成品的品质安全，仓库需做好防尘、防潮、防鼠和防虫等动作，并在《定期卫生检查表》作相应的记录；加强对仓库门、窗、锁的管理，仓库人员应确保下班前检查水、电气及门窗已处于安全状态，如发现存在安全隐患，应及时报修或通知上级。

七、成品仓库出库管理

（1）发货时必须核对《出货单》及其他相关手续，手续完备时，方可发货。

（2）发货应按先进先出之原则。

（3）业务部将《出货单》一联交成品仓库，仓管人员核对《出货单》上之生产指令、客户、产品名称、规格、数量与存货是否一致。

（4）仓管人员组织发货人员将仓库成品产品发出交储运工具（如货柜、货车等），交与送货人员点收交接。

（5）仓管人员对成品料收及物料标识卡作出库记录。

（6）每日核对异动库存状况，并每周、每月作库存报表。

第六节　食品塑料包装材料销售控制

一、分级销售

根据客户需求程度，将客户划分为 A、B、C、D、E 五个等级。

A 级客户：有明显的业务需求，并且预计能够在一个月内成交；

B 级客户：有明显的业务需求，并且预计能够在三个月内成交；

C 级客户：有明显的业务需求，并且预计能够在半年内成交；

D 级客户：有潜在的业务需求的客户，或者有明显需求但需要在至少半年后才可能成交；

E 级客户：没有需求或者没有任何成交机会，也叫死亡客户。

为了更好地管理客户，建立客户追踪志，称为客户追踪志管理法。客户的追踪志一般有以下几种：

（1）客户追踪日志：也就是需要每天将客户的信息重新跟踪处理，并刷新记录；

（2）客户追踪周志：就是每周内至少对客户的信息处理一次，并刷新记录；

（3）客户追踪半月志：也就是每 15 天对客户的信息处理一次，并刷新信息记录；

（4）客户追踪月志：也就是每 30 天需要至少对客户的信息处理一次，并刷新信息记录。

（5）客户追踪年志：也就每一年需要至少对客户的信息处理一次，并刷新信息记录。

有了客户追踪志以后，只需要对相应等级的客户用相应追踪志做管理，客户管理就游刃有余了。一般来说，对于 A 级客户需要用客户追踪日志，对 B 级客户使用客户追踪周志，对 C 级客户使用客户追踪半月志，对于 D 级的客户使用客户追踪月志，而对于 E 级的客户则使用客户追踪年志。而且每次客户追踪以后就对客户信息重新定格划分等级，并且用新的等级所对应的管理方法来处理。

二、销售档案的建立

在销售档案的建立上要遵循以下原则：

（1）动态管理。把客户档案建立在已有资料的基础上进行随时更新，随时了解客户的经营动态、市场变化、负责人的变动、体制转变等。定期(如两个月)开展客户档案全面修订核查工作。

(2)专人管理。要求客户管理人员的忠诚度要高、在企业工作时间较长、有一定的调查分析能力，由基本能掌握企业全局的专人负责管理。

(3)建立查寻制度。业务经理、客户服务人员及经理级别以上人员查寻，其他人等不得办理查寻。

(4)借阅制度：借阅人员必需填写《客户资料借阅表》，并定期归还，违者以盗窃公司资料行为进行处罚。

(5)发放制度。必需经客户经理同意，并有针对性的发放，针对业务人员只能提供单位名称、姓名、职务。针对客户服务人员提供全部资料，但必须根据具体情况定期回收。原始资料只可查寻，不可借阅、发放。

(6)客户信息是不断变化的，客户档案资料应不断补充、增加，客户档案的整理必须具有管理的动态性。可以把客户档案资料分成五大类，编号排列定位并活页装卷。如下：

第一大类　客户基础资料。依次排序为：客户营业执照、税务登记证、法人委托书、客户背景资料(包括业务人员对客户的走访、调查的情况报告)。

第二大类　客户与本公司签订的合同、订单情况。依次排序为：历次签订合同订单登记表，具体合同订单文本。合同订单要按签订的时间先后排列。

第三大类　客户的欠款还款情况。依次排序为：客户信用额度审批表，历次欠款还款情况登记表，欠款还款协议，延期还款审批单，客户还款计划。其中对于直接外销客户，还应有付款方式、授信金额抵押保证登记。

第四大类　与客户的交易状况。依次排序为：客户产品进出货情况登记表，实际进货、出货情况报告，交易的其他资料。其中对于直接外销客户，必须把每单的发货码单、报关手续、成品出厂检验报告、海关商检证明等交货资料收集齐全。

第五大类　客户退赔、折价情况。依次排序为：客户历次退赔折价情况登记表，退赔折价审批表，退赔折价原因、责任鉴定表。

以上每一大类都必须填写完整的目录，并编号，以备查询和资料定位；客户档案每年分年度清理、按类装订成固定卷保存。

三、可追溯系统的建立

1. 基本资料维护

产品追溯的基本资料包括使用人员基本资料、部门基本资料、程序权限设定、产品系列基本资料、代码基本资料等。这些资料在 ERP 系统已经存在，产品追溯系统完全可以使用这些基本资料，所以，不需要在此系统中额外处理。

2. 追溯资料维护

每个部门需要维护的资料不尽相同，且每个部门对资料的管控也不相同。为了方便不同单位用户的查询和使用，以及对程序代码的后期维护管理，将追溯维护依部门单独设立。在程序上依类别分为以下几类程序，每个维护程序都包括主资料输入、明细资料输入、查询、资料确认、取消确认等功能。进货追溯资料维护记录产品采购入库验收资料。主要有入库单号、入库料号、版次、入库数量、厂商代码、环境物质检验单等。作为一次送货入厂的物料，所做的品质检验只算一次，但因入库的时间和数量不同，而产生不同的批号。在入库的断定上有四种情况：A 合格；

W 特采；S 挑选；R 退货。

3. 生产段追溯性数据维护

从原物料的冲压或成型，需要输入的追溯性资料比较相似。主要有入库单号、入库料号、版次、数量、入库批号、生产日期、批号管制、环境有害物质、样品会签单、发料料号、发料批号等。如果发料料号是委托其他工厂加工的，则需要增加委外加工的验收单号。

4. 出货追溯性资料维护

记录出货单对应成品入库单的明细资料。主要有出货单号、出货日期、出货客户、出货料号、入库单号、入库批号、灯号等。针对同一客户的单个出货单可能会有多个出货项次，分别对应不同的料号，而每个料号则可能对应到多个入库单号的不同批号。

5. 产品追溯基本资料查询与报表

根据入库单，产品料号、批号等模糊资料可以查询到相关的产品入库，生产段各工序，产品出库等明细数据。这种查询可以直接在各追溯资料维护程序中实现。

6. 追溯资料稽核报表

查询采购验收入库单，各工序生产入库单以及出货单，再对比产品追溯系统中的资料。由稽核部门运行此报表，查看追溯资料是否有输入遗漏或错误。以保证追溯资料能准确，及时地输入追溯系统。

7. 产品追溯查询与报表

可以根据入库单、产品料号、批号等查询资料追溯到它的多层上阶，多层下阶资料，实现完整的产品追溯功能，从而展现某个产品某个批号的生产链。并可点击其中的环境管制编号，特采单号连结到对应的数据库。实现对产品生产的全过程查核。

第七节 食品塑料包装材料废料处理

一、废料回收原则

（1）生产主任每日向生产主管提交实际生产数量，报表中需记载料所生产产品、领用料件、产出数量、领用日期、备注领用单号(以便财务核对领用单)，所记载数据以一个月为一周期。

（2）在生产过程中产生的料头料尾、残渣；含产品、材料、包材必须经生产部确认后入废料仓库，由专人负责在每日下班前堆放至指定地点并做好记录。

（3）所有废品要指定存放地点，分类存放；存放要远离公司原材料、半成品、成品区域，存放地点要做明确标示，由相关工作人员定期清点。若发现原材料、半成品、成品、废料未分开存放，将对相关人员做相应处理。

（4）仓库每日分类统计废料的入库数量，报表中需记载废料入库日期、废品材质、数量。所记载数据以每次出售废品的时间为一周期。在实际操作中以能将每袋废料打包成固定重量为佳。

二、回收废料的处理

（1）所有废品要根据其产生速度，物理性质定期出售，以保证有足够的存放空间且不影响公司的安全生产。

（2）废品堆积数量达到要求后，鉴定合格后办公室联系废品收购商，并通知其前来取货。

（3）出售废品时必须有办公室、仓库管理人员、财务部三方同时在场清点回收数量。

（4）收购商必须遵守公司各项关于外来人员的管理规定（如未经允许不得进入公司办公及生产区域、不得在公司乱逛等）。

（5）办公室、仓库管理人员、财务监督废品过磅及数量清点并做好记录。

（6）财务部门核对回收价格、收款。

（7）每次废品回收后，财务部根据仓库及仓管提交的报表做核对、分析，并提交上级领导审核。

（8）单位在选择收购商时，要根据市场行情以出价高者优先，财务部根据市场行情，不定期监督。

（9）凡是与公司合作的废品收购商一旦存在不当行为，应立即取消其废品回收资格，从此不再合作。

第二章　药品包装技术

　　药品作为一类特殊产品在维护公众健康方面起着重要的作用，其质量一直受到各国政府的密切关注。对药品或药物制剂进行包装，有利于在运输储藏、管理过程和使用中为药品提供保护、分类和说明的作用。同时，由于药品中起作用的是活性化物质，它的稳定性受包装材料及包装形式的直接影响，因此药品的包装尤需重视。

　　药品包装与一般物品的包装不同，药品的包装受到药品固有性质的制约，即必须确实保持药品的效能、保障安全卫生、保持服用者的信赖，这就必须充分防止由于吸潮、漏气和光照而引起的分解变质。因此，药品包装是维持药物性质和药品正确使用的保障。合格的药品包装应具备密封、稳定、轻便、美观、规格适宜、包装标适规范、合理、清晰等特点，满足药品流通、贮藏、应用各环节的要求。我国的《药品管理法》药品包装管理第五十二条规定，直接接触药品的包装材料和容器，必须符合药用要求，符合保障人体健康、安全的标准，并由药品监督管理部门在审批药品时一并审批。药品生产企业不得使用未经批准的直接接触药品的包装材料和容器。对不合格的直接接触药品的包装材料和容器，由药品监督管理部门责令停止使用。第五十三条规定药品包装必须适合药品质量的要求，方便储存、运输和医疗使用。发运中药材必须有包装。在每件包装上，必须注明品名、产地、日期、调出单位，并附有质量合格的标志。第五十四条规定药品包装必须按照规定印有或者贴有标签并附有说明书。标签或者说明书上必须注明药品的通用名称、成份、规格、生产企业、批准文号、产品批号、生产日期、有效期、适应症或者功能主治、用法、用量、禁忌、不良反应和注意事项。麻醉药品、精神药品、医疗用毒性药品、放射性药品、外用药品和非处方药的标签，必须印有规定的标志。综上可以得出，药品的包装在药品生产中占据着重要作用。

现阶段在医药行业快速发展过程中，药用包装材料也得到了较快速度的发展，药用包装材料的种类日益繁多。医用包装材料包括有：用来包装医药品的或用来包装医疗器的模拟包装材料及可服用的、接触医药品的或用作功能性（如防潮、阻隔等）外包装的包装材料等。由于高分子材料的发展，塑料包装材料在医用包装材料中占有越来越主要的位置。

第一节　药品塑料包装材料的原料选用

一、生产原料的确定

某公司目前主要生产的药品包装为 PVC 药用硬片，其主要原料配方在普通的 PVC 片材基础上增添一些辅料，以提高包装的阻隔性，稳定性来达到医药级别的标准。

二、原料厂家选择

原料厂家所提供的产品质量在很大程度上直接决定着企业产品的质量和成本，影响着顾客对企业的满意程度，原料厂家提供的产品和服务对于企业的发展起着十分重要的作用。GMP（药品生产质量管理规范）是全面质量管理在药品生产中的具体化，必须强调预防为主，在生产过程中建立质量保证体系，实行全面质量管理，确保药品质量。GMP 第七十六条规定，质量管理部门应会同有关部门对主要物料供应商质量体系进行评估。

1. 选择依据

选择合适的物料供应商是满足采购质量，减少采购风险，确保企业所生产的产品质量，控制并降低采购成本的重要保证。在选择供应商时，不能凭个人关系，也不能简单地凭印象来选择，需要有一套完整的评价体系对供应商进行公平公正的评价，应当对供应商评价指标体系进行深入分析。

（1）价格合理

通过招标等各种形式，根据原材料种类划分，要求供应商在保证质量的前提下做到价格最低，包括：优惠程度；消化涨价的能力；成本下降的空间。

（2）生产稳定

对供应商的生产经营条件进行考核，要求供应商能做到稳定生产，持续供货，重大工艺变革及时告知。

（3）质量水平

包括：物料的合格品率；质量保证体系；样品质量情况；对质量问题的处理。另外，稳定的生产需要稳定的质量，要求厂家提供稳定的原材料质量，质量波动应有合理解释。

（4）售后周密

对于公司使用原材料过程中出现的问题，供应商能及时提供质量跟踪等各种服务。

（5）交货能力

包括：交货的及时性；扩大供货的弹性；增、减订货的适应能力。应优先选择地域距离较近的供应商，保证原材料在第一时间安全抵达公司。

2. 供应商审核

（1）审核内容：把握对公司产品有影响的关键过程，关注供应商持续改进的管理评审，内审，纠正措施，预防措施，检验与实验等过程。对供应商的财务状况，顾客满意度，过程能力，员工素质，服务水平等进行调查。

（2）可根据原材料情况设计现场审核表，表格应能客观，全面的反映审核全过程，审核人员根据表格内容进行量化打分。

（3）审核应按照 GMP 要求进行关键项的审核。

（4）对原有供应商的审核一般分为例行审核和异常情况审核两种。例行审核是根据原材料重要性规定一定的时间间隔，定期对供应商进行审核，审核中如果发现问题应限期整改，对于不再满足要求的供应商取消其供应资格。异常情况审核，一般在如下情况下进行：供应商提供的原材料质量波动较大，屡次出现不合格情况；客户存在投诉，投诉与供应商提供的原材料有关；使用原材料生产出来的产品存在质量或潜在的质量问题(如稳定性不好)，经分析，跟原料有关；供应商的工艺有较大变化及调整。

3. 供应商评价

对供应商进行定期评价是企业进行供应商质量控制的一项重要内容，企业对提供原材料的所有供应商均有评价，周期灵活掌握。一般对关键原材料每年都有评价，根据评价结果调整合格供应商名单，鼓励优秀供应商，淘汰不合格供应商。

对供应商的评价内容主要是对周期内的产品质量，供货情况及售后服务进行统计打分。建立规范的供应商年度评估表，对原料的质量水平、合格率、退货率、包装情况、供货及时性、价格情况，特殊情况的处理及其他影响产品质量的情况等进行综合评价，按照规定量化打分，根据分数对供应商进行优秀、合格、不合格的分类。对优秀供应商应进行激励及相应的优惠政策，如缩短付款周期，增加使用量，加强沟通。对合格供应商应促进其发展，向其提供有效资源，帮助其发展为优秀供应商。对不满足企业采购要求的不合格供应商应及时终止与其合作。

三、原料检验控制

药品包装材料的原辅料检验控制制度必须符合 GMP 管理文件中原辅包装材料的控制制度。具体如下：

（1）进厂初检。原辅料进厂，由仓库管理人员按货物凭证或合同协议核对后，检查包装是否受潮、破损、标签是否完好，与货物是否一致等。凡不符合要求，应予拒收。药材的每件包装上应有品名、产地、日期、调出单位，并由专业人员按药材质量标准验收。

（2）定置请验。初检符合要求的原辅料，按定置管理要求放置指定区，用黄色绳围栏，设待验牌，并及时填写原辅料请验单交质控部门抽样检验。

（3）取样。质控部门接到原辅料请验单后，派专人按抽样办法(见专门条款)取样，取样后重新封好，贴上取样证，并填写原辅材料取样记录，内容包括品名、编号、规格、批号、来源、包装情况、入库量、取样量、取样日期、取样人。制剂原辅料的取样宜在取样室(其洁净级别宜与配料室相同)或取样区操作，抽出样品的标示方法和记录要求同上。

（4）根据检验结果，质控部门向仓库送交检验报告单，并根据检验结果按货物件数发放绿色的合格证或红色的不合格证。

四、原料的存储

（1）仓库保管员根据检验结果，取下待验区的黄色标记和待验牌，换上绿色标记的合格牌或红色标记的不合格牌。按定置管理要求将合格品与不合格品划区码放，分别用绿色(代表合格)或红色(代表不合格)标记，以防混用。

（2）检验合格的原辅料入库后应填写库存货位卡，内容包括：名称、来源、编号、批号、到货日期、收入量、发出量、结存量、经手人等和分类账，记录收发结存情况。

（3）不合格的原辅料要隔离存放，按不合格原辅料处理程序妥善管理，并建立台账汇总。

（4）原辅料和包装材料、成品应分类、分区按批存放，并根据不同原辅料的贮存条件规定贮存。并按定置管理要求隔离存放。固体、液体原料应分开贮存。

（5）存放区应保持清洁。根据需要设置控制温度、湿度设施，并予记录。

（6）货物的堆放、离墙、离地、货行间都必须留有一定距离，采用货架或垫板，执行先进先出的发料次序。

第二节　药品塑料包装材料生产工艺设计

一、生产流程

生产流程如图2-1所示。

1. 原料的准备

树脂外包装在远途运输过程中常常有可能落上一些灰尘，为

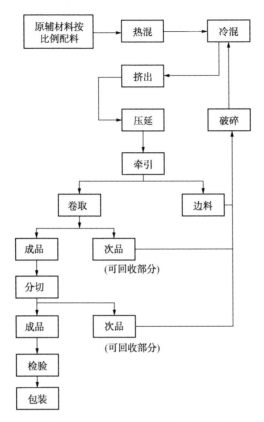

图 2-1　PVC 药用硬片工艺流程图

了保证质量和安全生产起见，首先应把外包装擦拭干净，之后根据所生产成品种类进行配料，原料配比完成后装入混料机内。

2. 混料

混料是指将按一定比例配好的原材料，通过混料机内的搅拌系统增加原材料之间的混合程度，原材料混合均匀后通过螺旋上料机进入挤出机。

3. 挤出

原材料到达挤出机料斗中，在挤出机料筒内受到机械剪切力、摩擦热和外热的作用使之熔融塑化，再在螺杆向前的推送下挤出，之后进入压延机。

4. 压延

原材料通过挤出加热塑化后，成为高弹态的塑化料，然后通过人工操作将塑化料喂入压延机的辊筒之间，送往压延机的物料应该是塑化完全、无杂质、柔软的、处在黏弹态的状态，供料要加到压延机的第一道辊隙，物料压延成料片，然后依次通过第二道、第三道等辊隙而逐渐被挤压和延展成厚度均匀的薄层材料。

5. 冷却、切边

压延成型的片材经剥离辊、冷却辊缓慢冷却，最后接近室温。在牵引辊的装置前面，有切边装置可切去不规则的边，并将片材切却成规定的宽度。经导辊引入收卷机卷绕成一定长度的卷。

6. 包装成品

在工作台上平铺缠绕膜，将卷取机上的卷取下放在缠绕膜上检验成品是否合格然后进行包装，将包装完好的成品放在台秤上进行称量，最后在外包装上贴上标签。

7. 次料及边料

生产过程产生的边料及不合格品放入粉碎机内进行粉碎，粉碎后的边角料根据比例添加到原材料中再次混合塑化压延成合格成品。

二、设备选用

药品用包装材料生产工艺主要采用压延法。压延法工艺流程：PVC 树脂和助剂按配比加入高速搅拌釜中捏和，待温度升至 100 ~120℃后卸冷入冷却搅拌釜中，冷却至 50 ~80℃后卸入预混料中间槽，预混料经挤出机在 120 ~180℃温度下预塑化成融熔胶块，再在二辊炼塑机上进一步塑化，完全塑化的融熔胶块通过带工输送机加入压延机成型，成型温度为 190 ~210℃，引离辊将成型的片材从压延机最后一只辊筒剥离，片材再经冷却、收卷后，用分切机裁切成各种不同规格的产品。片材厚度是通过调节压延机辊筒间隙来实现的。

主要设备的选用必须结合其生产工艺，药用 PVC 硬片生产的主要设备有高速捏和机、挤出机、炼塑机、四辊压延机、分切机等。药用复合硬片生产的主要设备有涂布机、分切机。

三、环境与安装位置选择

PVC 药用硬片生产从冷却定型工序开始和整个复合片生产厂房要求均为 10 万级洁净度。

第三节　药品塑料包装材料生产过程控制

一、生产前设备检修与清洁

设备是搞好生产的物质技术基础。做好设备管理是提高产品质量，降低物质消耗节约能源、安全生产、增加企业经济效益和实现生产现代化的重要条件。操作人员必须严格遵守设备操作规程，并对设备做到"四懂三会"（即懂结构、懂原理、懂性能、懂用途；会使用、会维护保养、会排除故障），在重要设备和精密仪器岗位上要有简明的"操作要点"牌。

公司制定了设备维修、保养规程（包括维修保养职责、检查内容、保养方法、计划、记录等），定期检查、清洁、保养与维修设备防止事故的发生。

（1）设备维护保养必须按岗位实行包机负责制，做到每台设备、每块仪表、每个阀门、每条管线都有专人维护保养。为做好此项工作，各部门应建立、健全设备维修保养制度，建立设备台账和密封档案，力求做到准确无误。

（2）设备维修保养有专人负责，明确责任人和实施人，并建立相应的监督机制，认真填写巡回检查记录。

（3）加强防腐措施。凡受水汽、大气和工艺介质腐蚀的设备、管线都必须采取各种可靠保护措施，应由专业防腐人员负责设计、检查与维修。

（4）加强润滑管理，建立、健全润滑管理制度。设备润滑要严格执行"设备润滑管理规定"，实行"五定、三过滤"，符合《医药工业设备完好标准》中附录"设备润滑的几点要求"，特别是对运转设备应定期检查，清洗润滑系统，更换润滑油；对自动注油的润滑点，要经常检查滤网、油压、油位、油质、注油量，及时处理不正常情况。

（5）对于使用在半年以内的设备和备用设备，其维修、保养与正常设备相同；闲置设备应要求定期进行清洗、润滑与防腐。对闲置（停用半年以上）、封存（停用一年以上）和备用的设备，由车间设备员安排检修，并指定专人维护保养。对车间不再使用或已拆下和未安装的备用设备，应通知设备处集中建账保管；各单位需用时，到设备管理部门（如设备处）办理启用、借用或领用、调拨手续（集中前属谁的，原则上归谁使用），由设备处负责送至现场。

（6）在设备维修与保养的过程中，应有可供识别的状态标志。

（7）对保温设备、管线都必须保护完整、良好，无裸露现象，以节约能源和防止对物料的污染。

（8）对设备、管道的涂色除要求蒸汽管道全涂红色外，其余按《医药工业设备完好标准》中"医药工业设备及管路涂色的规定"执行要尽量采用新材料，符合节能规定，平整美观，所有保温设施、油漆要保持完整，随坏随修。

（9）操作人员必须认真把设备运行故障、隐患等情况写在交接班记录上，并与接班人交接清楚。接班人有以下权利：

对设备运行状况不清，不接；

对设备故障及隐患记录不清，不接；

对岗位工作、器具不全的原因不清，不接；

对岗位工作、器具堆放不整齐、设备及环境卫生不好，不接；

对已发生的事故原因不明，又无安全人员签字，不接。但必须立即向当班车间领导反映。

（10）车间巡检员（或保全、电工、仪表工）应严格执行"巡回检查规定"。除认真填写好"巡回检查记录"外，还应该在各岗位交接班记录上签署意见和姓名，车间设备员或设备主任每周最少要抽查一次"巡回检查记录"，并在上面签署意见。

二、生产人员配备与培训

所有生产人员应严格执行药品塑料包装材料的工艺规程和岗位操作规程。工艺规程全面规定该产品的制造、包装及质量监控等内容。随着生产技术的发展，要定期修订，以保证其对生产的指导作用。产品工艺规程由车间主任组织编写，厂技术部门组织专业审查，经总工程师（或厂技术负责人）批准后颁布执行。岗位操作规程由车间技术员组织编写，经车间主任批准后执行，并报技术部门备案。企业应定期组织操作工人和有关管理人员进行工艺规程和岗位操作法的教育和学习，并严肃执行。

三、开机准备

1. 设备、房间清洁检查

（1）检查设备是否已清洁，是否有已清洁状态标志，并确保清洁是在有效期内。若超出有效期则按清洁消毒规程重新清洁消毒。

（2）检查房间是否已清洁并有清场合格证，而且确保在有效期内，若超出有效期，则按房间清洁规程重新进行清洁。并填写相应的领料记录。

2. 水、电、气的检查

检查水、电、气供应是否正常，并且确保其符合生产规定。

3. 生产记录的准备

将生产批记录及与本工序相关的记录准备齐全。

4. 物料的准备

将本工序生产需要的原料、辅料、包装材料从仓库或者中转站的合格区领出来。

5. 各工序生产用具的准备

6. 生产人员的审查

要确保操作者已经接受了操作规程的培训，并拥有生产的技能和处理临时问题的能力。

7. 空气质量的检查

生产前需要控制空气质量的房间要确保温湿度达到操作要求。生产前确保需要控制压差的房间压差应符合生产操作规定。

四、生产过程抽检与巡视

生产过程中应按工艺、质量控制点进行中间检查，及时预防、发现和消除影响产品质量的事故差错。各生产工序应制定中间体、半成品质量标准，作为交接验收的依据。各工序所用的原辅料、中间体或半成品等，应按质量标准，仔细鉴别，分别存放，其盛装容器应加盖并有明显标记，投料及计算、称重要有人复查，操作人、复查人均应签字。各项技术参数须由专职人员及时核查。生产用的测定、测试和计量等仪器、仪表，使用前应进行调试。

五、生产过程检测记录

原始记录是技术分析的基础资料、应根据工艺程序，操作要点和技术参数等内容设计、编号。操作人员在填写原始记录时，要字迹清晰、内容真实、及时、完整并签字，不得撕毁和任意涂改。如需更改时，应有更改人签字。从原料到成品的全部原始记录应按批号保存1~3年。车间技术人员或班组长应对操作人员所填写的全部原始记录进行核实，并签字，以保证记录内容的完整真实。

批生产记录是该批药品生产全过程(包括检验)的完整记录。每批制成的药品，都应有批生产记录，要求数据完整，内容真实，并应整编归档，保存至药品质量负责期或效期后一年。

根据生产流程，针对各个环节相应的制定了多项检验标准，并配备了相关记录，主要记录有：《药品包装材料原辅料出入库记录》《药品包装材料原辅料进厂检验记录》《药品包装材料生产环境检测记录》《药品包装材料生产设备维护记录》《药品包装材料成品检验记录》《药品包装材料成品批记录》《药品包装材料成品出库记录》等。

第四节 药品塑料包装材料成品仓库管理

一、成品检验控制

质量监控是企业全体人员的共同职责。质检部有权制止不合格的原辅料投入生产、不合格的中间体或半成品流入下道工序、不合格的成品出厂。技术部门应会同质检部根据用户要求和企业生产技术水平，制定高于法定标准的产品企业内控标准，由质量副总审查，总经理批准执行。质检部对退货的产品应抽样复检，分析原因，向总经理写出书面报告，由总经理组织有关部门提出处理办法和防止类似事故发生的措施，并记录存档。所有不合格品(包括半成品、中间体)返工，均应查明原因，并将处理情况作出记录存档。质量副总应组织开展对用户的访问，重视用户对有关产品质量的反映，以便更有效地监督和改进产品质量。

1. 部门职责

（1）质检部

制定并不断完善产品的出厂检验标准，由专门检验员负责指定线的出厂检验，执行检查工作，判断合格与否。有权禁止不合格的产品发货出厂，对产品质量负责。对出厂检验中出现的不合格产品的不良原因和改善措施进行管理。对不合格批次返工方案进行审批，对返工方案中不合格原因和措施不明确的不给予承认。如果出厂检验结果证明生产过程中存在问题，可以要求生产部门暂停生产。

（2）生产部

按照生产计划进行生产，并将生产情况进行记录，把成品放入待检区，在产品包装上粘贴产品标签。产品标签上标明生产线、生产日期、型号、客户代码、产品序列号码范围、数量等重要信息，表明该产品待检。负责处理检查不合格的产品，制定不合格品的返工方案，并按照批准后的返工方案(明显的操作不良)进行返工。将返工方案、返工结果填写在《出厂检验不合格报告》表中，交检验员。

（3）技术部

对出厂检验中出现的不合格品，除明显的操作不良由生产部门班长分析之外，其他的由质检部负责分析不合格品产生的原因。制定不合格批次返工方案，确保返工方案是不合格品产生原因的纠正措施。

（4）物流部

不得接收未经质检部检验合格的成品入库。按规定管理好合格成品，做好仓储先进先出管理。

（5）其他部门

对出厂检验中不良品，涉及到相关部门责任，由相关部门负责纠正/预防措施的实施和管理。

2. 程序

严格度：对应数量相同的批，而抽样数量、接收判定数量、不接收判定数量不同。严格度分为三种，即正常检查、加严检查和放宽检查。

正常检查：当过程平均优于接收质量限时所采用的检查方案，称为正常检查。

加严检查：是比正常检查抽样方案接收准则更为严厉的接收准则的一种抽样方案。

放宽检查：抽样数量比相应正常检验方案小，接收准则和正常检验抽样方案的接收准则相差不大的抽样方案。

3. 批的管理

生产车间负责在堆放生产完成品的包装上粘贴生产标签，并依据事实及时记录生产实绩。做好批次管理。

4. 抽检

质检部检验员应在包装完毕后进行随机抽样。抽样方法采用随机抽样方法。抽取样本时要小心，以免因掉下来或因其他形式而造成损伤。如果出现损伤，则产品由生产部门进行修理，修理完成进行全项测试。检查无误后，归入相应批中。

5. 检查基准

检查水平和可接收质量限，按照成品检验规范的规定执行。客户有特殊要求时优先适用客户要求。

6. 出厂抽样检验发现不合格，被抽样的批次进行返工处理

7. 检查的条件

在没有特殊规定的情况下，检查应该在常温、常湿、光照度500lx 以上的检查室中进行。

8. 检查方法

（1）依据产品《聚氯乙烯药用硬片》进行检查，通常区分为外观、物理性能、溶出物试验、微生物限度等。

（2）对于缺少部分材料(包装、标签等)的批拒绝检查。

9. 检查结果的判定

（1）对检查的每个样本，每检查完成一个项目按照标准判断合格或者不合格。

（2）对发生的不合格按照缺点等级区分致命、重、轻、不良。

（3）所有项目检查完成后依据各个项目的检查结果对检查的每个样品做出合格与否的判断。

10. 批的处理

（1）合格批

如果判断批合格，应在检验报告表上注明合格，并加盖质检部的合格章。成品保管对非出厂检验合格品绝对不能入库，生产部门也绝对不能入库。

（2）不合格批次

如果判断批不合格，应在检验报告表上注明不合格，加盖质检部的不合格章，同时出具《不合格品报告单》，查找不合格的原因及对不合格品处置。质检部和生产部负责分析不合格品产生的原因，制定不合格批次返工方案，确保返工方案是不合格品产生原因的纠正措施。不合格批次在生产部处理（选别、返工、报废）后提出复检委托。返工应尽量在原生产线上进行。若在重检中仍判断为不合格，品质部应中断检查并要求生产部门暂停生产，召集相关部门进行协商，制定对策。若鉴定为合格，执行合格批的处理程序。

二、成品分类放置

1. 产品的验收入库管理

（1）在验收之前，库管员要严格把关，有以下情况时可拒绝验收或入库：

包装有破损，标签不清晰；

入库单上没有检验人、经办人、审核人签字，或产品批号、名称、规格型号、数量、入库单单号等基本信息不全。

（2）产品到成品库暂存区后库管员依据清单上所列的名称、数量与经办人一起进行核对、清点，办理入库单签收手续，并留存好相关单据。

（3）在暂存区需再次对产品进行检验核实信息后才可以入合格品区，入合格品区时第三次核对账物是否相符。

（4）外购直接需要入成品库的产品，应经检验人员检验合格后交库房入库，填写相关记录。

（5）未入库产品只能在暂存区存放。对存放超过三天的产品需及时汇报到部门主管。

2. 产品存储管理

（1）产品入库后，应按产品的不同类别、特点和用途分类分区存放。严格做到"二齐，三清，四定位"。

二齐：产品摆放整齐、库容干净整齐；

三清：产品清、数量清、规格标识清；

四定位：按区、按排、按架、按位定位。

（2）库管员对每日有变动的物资要随时盘点，若发现误差须及时找出原因并更正。产品注册形成批量生产后，应每月进行一次库房盘点，填写《库房盘点记录表》。

（3）库存信息及时更新，且确保报表数据的准确性和可靠性。

（4）库房内货架应贴有产品类别的标识。

（5）库房员每天记录室内温度、湿度，认真填写《温、湿度记录表》，室内温度应保持在5~35℃，相对湿度不超过80%，通风良好无腐蚀性气体。

3. 产品出库规定

（1）成品库库管员根据销售部提供的发货单执行提货、复核、记录、通知审核、发货等环节。

（2）库管员根据生产时间先后遵守"先进先出"的仓库管理原则。

（3）保证单、物相符，若发现有错误应及时追踪，保证发货百分之百准确。

（4）做好各环节的信息记录，保证信息准确性。

（5）产品库存报警：库房内常规产品，每个型号规格应不少于规定的数量，低于此限时，库房员应及时通知生产部，及时安排生产。

三、成品仓库安全防范

1. 库房安全管理

（1）库房工作人员不得擅离职守，非本库管理人员不得入内，应在发放区等待，特殊情况需经上级主管批准方可进入，库房工作人员应加强监督管理，闲人免进。

（2）节假日应安排值班人员，对库房门窗等防盗措施进行巡视。

（3）对库内产品、货架等进行定期或不定期检查，保证它们的安全。

（4）注意防火、防潮、防虫、防鼠、防尘。

2. 工作安全管理

（1）库内各种设施设备，如空调、电脑等应严格按操作规程安全操作，定期检查。

（2）库房内电线、照明设施应定期检查。工作人员离岗应锁门、拉闸、断电。

四、成品仓库出库管理

成品库应有销售记录。记录内容应包括：收货单位和地址、发货日期、品名、规格、数量、批号等。根据记录能查明每批药品出厂情况，必要时可予收回。销售记录至少应保存至药品质量负责期或有效期后一年。退货产品和不合格品应贮存在指定地区，明显标记，隔离封存，留待处理。产品退货应由销售部门做好记录，并予保存。记录内容：退货单位、品名、规格、数量、批号、日期、退货原因、处理意见等。若退货原因涉及其他批号时，应同时研究、处理。

第五节　药品塑料包装材料销售控制

一、分级销售

1. 客户分级的评定办法

（1）客户分类的评定时间：每年进行一次客户分类的综合评定，包含 VIP 客户及客户的资信等级的审定。一般在每年末月的 25~30 日。

（2）客户分类的评定组织：各区域主管负责事先对所管辖区域的客户，根据客户的销售额、合作状况及发展趋向等相关指标对客户进行初步评级，并填写《客户资信评估表》。由销售部经理牵头召集各部门区域，以会议形式进行讨论复评，并修正《客户资信评估表》，按以下几个类别进行分类汇总：

关于 VIP 客户：VIP 客户资格的延续、提报新的 VIP 客户、VIP 客户的撤消。

关于 A 类或 B 类客户：列定 A 类与 B 类客户的名单；对 A、B 类客户给予提升计划。

关于享有公司特殊政策的客户：核实已给予了特殊政策的客户的稳定性，以及提出建议新政策或需调整的政策。

关于客户资信等级的审定：按公司规定的结算政策，部分客户享受特别方式的稳定性，对新增特殊结算方式客户的提请或调整撤消。(《客户资信等级评估表》)

新合作的客户：按 C 类级别客户处理，在合作满 6 个月后，进行评估。

2. 客户分类管理的实施

由销售部在日常的各项工作认真贯彻实施，由销售部经理具体安排与组织实施中定期抽查。

3. VIP 客户的管理

（1）VIP 客户和管理概念：VIP 客户是公司营销网中的重点客户。VIP 客户因为有共同发展的愿望与意识，所处市场容量大，与公司合作忠诚、信誉好，竞争力与实力强，并且有良好的发展潜力，成为公司营销网中的领导者、基本力量和最主要的合作者。VIP 客户的确认与管理是软的服务与硬的优惠结合的过程管理。VIP 客户不采用终身制，依季度评定。

（2）VIP 客户的内部管理与服务支持：由销售部经理负责 VIP 客户合作协议的拟定、修正，同时负责 VIP 客户的申报评估与确认，每年度一次，具体时间依年度安排而定，由区域主管（经理申报），销售副总负责审核，总经理批准。VIP 销售档案独立管理由区域经理更新内容，相关助理负责存档；每季度由商务部经理组织填写《VIP 客户工作报表》，及时向客户通报销售情况，获得客户反馈后一并入档保存。

4. A、B、C 类客户的管理

对 A 类客户参照 VIP 客户管理办法进行管理。具体政策弹性依客户的具体情况届时制定。

对 B 类客户的管理参照 VIP 客户管理办法法进行管理；不执行 VIP 政策。

对 C 类客户按正常流行操作，销售部每月列定一些数量的 C 类客户的提升计划。

二、销售档案的建立

销售档案管理是企业营销管理的重要内容，是营销管理的重要基础。而不能把它仅仅理解为是客户资料的收集、整理和存档。建立完善的销售档案管理系统和客户管理规程，对于提高营销效率，扩大市场占有率，与合作伙伴建立长期稳定的业务联系，具有重要的意义。

1. 销售档案管理对象

销售档案管理的对象就是你的客户，即企业的过去、现在和未来的直接客户与间接客户。它们都应纳入企业的客户管理系统。

（1）从时间序列来划分：包括老客户、新客户和未来客户。以未来客户和新客户为重点管理对象。

（2）从交易过程来划分：包括曾经有过交易业务的客户、正在进行交易的客户和即将进行交易的客户。对于第一类客户，不能因为交易中断而放弃对其的档案管理；对于第二类的客户，需逐步充实和完善其档案管理内容；对于第三类客户，档案管理的重点是全面搜集和整理客户资料，为即将展开的交易业务准备资料。

（3）从交易数量和市场地位来划分：包括主力客户（交易时间长、交易量大等），一般客户和零散客户。不言而喻，销售档案管理的重点应放在主力客户上。总之，每个企业都或多或少的拥有自己的客户群，不同的客户具有不同的特点，对其档案管理也具有不同的做法，从而形成了各具特色的销售档案管理系统。

2. 销售管理内容

正如客户自身是复杂多样的一样，销售档案管理的内容也是复杂的，不能一概而论。归纳起来将销售档案管理的基本内容包括以下几项：

（1）客户基础资料。即企业所掌握的客户的最基本的原始资料，是档案管理应最先获取的第一手资料。这些资料，是销售档案管理的起点和基础。客户资料的获取，主要是通过业务员进行的客户访问搜集起来的。在档案管理系统中，大多是建立客户卡或客户管理卡的形式出现。客户基础资料主要包括客户的名称、地址、电话；所有者、经营管理者、法人；创业时间、与本公司交易时间、企业组织形式、业种、资产等方面。

（2）客户特征。服务区域、销售能力、发展潜力、经营观念、经营方针与政策、企业规模（职工人数、销售额等）、经营管理特点等。

（3）业务状况。主要包括目前及以往的销售实绩、经营管理者和业务人员的素质、与其他竞争公司的关系、与公司的业务联系及合作态度等。

（4）交易活动现状。主要包括客户的销售活动状况、存在的问题、保持的优势、未来的对策；企业信誉与形象、信用状况、交易条件、以往出现的信用问题等。

以上四方面构成了销售档案管理的重点内容，销售档案管理基本上是围绕着这四方面展开的。

3. 户档案管理方法

（1）建立销售档案。作为销售档案管理的基础工作，采用文件的形式，主要是为了填写、保管和查阅方便。

销售档案主要记载各客户的基础资料，这种资料的取得，主要有三种形式：①由业务员进行市场调查和客户访问时整理汇总。②向客户寄送客户资料表，请客户填写。③委托专业调查机构进行专项调查。然后根据这三种渠道反馈的信息，进行整理汇总，填入销售档案卡。

在上述三种方式中，第一种方式是最常用的。第二种方式由于客户基于商业秘密的考虑，不愿提供全部详实的资料，或者由于某种动机夸大某些数字（如企业实力等），所以对这些资料应加以审核。但一般来讲，由客户提供的基础资料绝大多数是可信的且比较全面。第三种方式主要是用于搜集较难取得的客户资料，特别是危险客户的信用状况等，但需要支付较多的费用。通过业务员进行客户访问建立销售档案的主要做法是：编制客户访问日报（或月报），由业务员随身携带，在进行客户访问时，即时填写，按规定时间上报，企业汇总整理，据此建立分客户的和综合的销售档案。除外，还可编制客户业务报表和客户销售报表，以使从多角度反映客户状况。为此，需制订业务员客户信息报告制度（其中包括日常报告、紧急报告和定期报告）。需制定业务员客户信息报告规程。

（2）客户分类。利用上述资料，将企业拥有的客户进行科学的分类，目的在于提高销售效率，促进企业营销工作更顺利地展开。客户分类的主要内容包括：

① 客户性质分类分类的标识有多种，主要原则是便于销售业务的展开。如按所有权划分（全民所有制、集体所有制、个体所有制、股份制、合资等）；按客户性质划分（加工厂、代理商等）；按客户地域划分（厂家所在地区）；按客户的实际情况，确定客户等级标准，将现有客户分为不同的等级，以便于对客户进行产品管理、销售管理和货款回收管理。

② 客户等级分类企业根据实际情况，确定客户等级标准，将现有客户分为不同的等级，以便于进行商品管理、销售管理和货款回收管理。

③ 客户路序分类为便于业务员巡回访问、外出推销和组织发货，首先将客户划分为不同的区域。然后，再将各区域内的客

户按照经济合理原则划分出不同的路序。

（3）客户构成分析。利用各种客户资料，按照不同的标识，将客户分类，分析其构成情况，以从客户角度全面把握公司的营销状况，找出不足，确定营销重点，采取对策，提高营销效率。客户构成分析的主要内容包括：

① 销售构成分析。根据销售额等级分类，分析在公司的销售额中，各类等级的客户所占比重。并据此确定未来的营销重点。

② 商品构成分析。通过分析企业产品总销售量中，各类产品所占的比重，以确定对不同客户的产品销售重点和对策。

③ 地区构成分析。通过分析企业总销售额中，不同地区所占的比重。借以发现问题，提出对策，解决问题。

④ 客户信用分析。在客户信用等级分类的基础上，确定对不同客户的交易条件、信用限度和交易业务处理方法。

（4）销售档案管理，应注意下列问题：

① 销售档案管理应保持动态性。销售档案管理不同于一般的档案管理。如果一经建立，即置之不顾，就失去了其意义。需要根据客户情况的变化，不断地加以调整，消除过旧资料；及时补充新资料，不断地对客户的变化，进行跟踪记录。

② 销售档案管理的重点不仅应放在现有客户上，而且还应更多地关注未来客户或潜在客户，为企业选择新客户，开拓新市场提供资料。

③ 销售档案管理应"用重于管"，提高档案的质量和效率。不能将销售档案束之高阁，应以灵活的方式及时全面地提供给推销人员和有关人员。同时，应利用销售档案，作更多的分析，使死档案变成活资料。

④ 确定销售档案管理的具体规定和办法。销售档案不能秘而不宣，但由于许多资料公开会直接影响与客户的合作关系，不宜流出企业，只能供内部使用。所以，销售档案应由专人负责管理，并确定严格的查阅和利用的管理办法。

三、可追溯系统的建立

随着公众的生活水平提高，网络化的快速发展，产品服务、产品质量安全、产品质量追溯无论是最终消费者，还是客户，或是企业自身都越来越重视，很多企业正在积极地建立自身的产品追溯体系，构建产品追溯信息化系统。

建立产品追溯体系是企业融入全球供应链的需要，现代企业是向细分市场的，有的生产原材料，有的生产部件，有的生产最终产品，形成一条条生产供应链，节约成本是每个企业所重点关心的问题，具有一个快速反应能力的产品追溯系统，能使企业更好的融入到全球供应链当中。

建立产品追溯体系是企业提升自身服务水平的需要，现在企业必须重视产品追溯系统的建立，因为随着社会的进步，物质的积累，需求也越来越多，对商品的质量、企业服务的要求也越来越高，由其是服务水平要求越来越高，现在产品同质化严重，同一种商品有多种品牌供消费者选择，售后服务好的往往得到更多的消费者青睐，而建立产品追溯体系，导入产品追溯信息化系统无疑是企业提高自身服务水平、服务反应速度的的重要手段。

药品塑料包装产品追溯系统一般关注的重点是：原材料供应信息的追溯，产品的组成，工艺制造，产品质量信息的跟踪与分析，产品的流向(销往的地区、客户，及防伪防窜货)，售后维修信息的跟踪与分析等多个方面，而企业会根据自身的规模、发展的需求甚至是企业自身客户的要求而侧重点不同，实现的功能不同。

根据产品追溯系统的功能及业务要求，系统的构建主要从以下几个方面入手：

（1）采购原材料信息追溯，一般企业会对原材料进行批次管控，并进行条码标识。进行标识时，分两种情形：按批标识，按最小包装标识（每一最小包装都有唯一序列号），在原材料出入库时、生产上料时进行扫描，对产品生产所用的原材料进行数据采集、跟踪。

（2）生产现场监控，主要关注订单的生产进度、成品率、合格率，物料的防错、防漏，现场欠料及快速配料，产品的生产工艺，品质检验及跟踪分析，产品条码的防重、标签打印。

（3）仓库管理，主要是真实的反应库存，实现料、账一致，对产品、物料进行入库，库位分配，上架、下架、出库的数据采集，有的企业还有委托公司加工，需要进行产品编号的分配，物料的发放，成品委外采购入库等。

（4）产品销售管理，主要关注产品流向，要能清晰的反应出产品所销往的区域、客户及产品的序列号，便于售后的追踪、维修、召回等；有的企业对产品采用不同区域不同价格政策，需要进行防窜货管理。通过对产品流转信息的采集，可真实的反应产品的流向及分布状况，杜绝窜货现象，同时也能准确的区分出正品与假冒品，维护厂家，中间商，终端客户的合法权益。

（5）产品售后管理，主要是进行产品返修登记、确认、维修、召回等环节数据采集。企业一般会通过网站或售后服务平台，提供便利的渠道给终端客户、中间商进行产品返修处理，并能方便的查询跟踪产品返修的进度；同时厂商也能通过售后管理平台区分产品是否过保、是否窜货、是否假冒，能收集产品经常出现的不良点，进而改进产品生产工艺，提高产品质量。

企业从采购、仓库、生产、委外加工、销售与售后服务六大物流环节入手，可构建完整的产品追溯系统。

第六节　药品塑料包装材料废料处理

一、废料回收原则

由于药品塑料包装材料的特殊质量要求，为保证产品质量，公司规定在生产过程中产生的边角料不可回收再次加工使用，必须降级使用，不得再次用于药品包装。

二、回收废料的处理

药品塑料包装材料生产中产生的废料，经清洗后全部用于普通塑料包装材料的生产。

第三章 质量安全

为进一步加强公司的质量安全工作，提高员工的质量安全意识，满足顾客及最终使用用户的要求，要确保质量安全。

第一节 部门及岗位设置

一、部门：总经理办公室 岗位：总经理

（1）总经理负责任命公司质量安全负责人。

（2）严格执行国家和上级有关质量安全生产的方针、政策、法律、法规、规定和标准，并接受质量安全教育、培训、考核。

（3）建立并落实全员质量安全生产责任制。

（4）建立健全质量安全生产专门管理机构，充实专职质量安全技术管理人员。定期听取质量安全工作汇报，决定质量安全工作的重要奖惩。

（5）主持召开质量安全生产会议，研究解决质量安全生产中的重大问题。

（6）总经理不在时，由副总经理代表总经理履行质量安全生产职责。

（7）每年定期安排人员组织职工进行卫生方面的检查。

二、部门：生产部　岗位：生产部部长

（1）生产部部长是质量安全生产第一负责人，对车间内的质量安全生产负全面责任。要认真贯彻执行各项关于质量安全生产的法律、法规、规定、制度和标准等。

（2）组织落实车间质量安全教育，督促检查班组质量安全教育。

（3）保证生产车间及仓库的清洁安全，保证避免生产区内的公共设施出现不易清洁的部位。

（4）组织生产，确保产品符合规定的要求。

（5）负责生产设施的管理，对设备的保养、维修、使用等情况要进行监督管理。

（6）负责仓库的管理监督。

三、部门：质检部　岗位：质检部经理

（1）提供和确认产品标准，编制工艺文件、检验标准、采购技术要求；负责产品和采购原辅材料的检验工作；负责产品的型式检验工作。

（2）质检部长对本部门的人员培训、考核负有全面职责。质检部长应定期或不定期地组织本部门人员进行相关知识的培训及考核；负责产品技术管理工作，处理与技术有关问题；组织不合格品评审，并做出处理决定。

（3）质检部长应按照检验相关规定对检验设备进行定期地检验。负责生产和服务过程中产品、状态标识和可追溯性的管理控制。对公司所有产品的检验结果负责，并对在检验过程中存在的质量问题具有否决权。

四、部门：采购部　岗位：采购部经理

负责组织实施对供方的评价和确定，做好与供方的沟通，确保公司对原辅材料的采购要符合公司的有关规定。

五、部门：销售部　岗位：销售部经理

（1）负责公司业务订单、业务合同工作和销售工作；组织好各部门对顾客的需求进行确认和评审工作。确保所属员工树立应有的质量意识并自觉贯彻公司的质量方针，实现质量目标。

（2）做好与顾客的各种沟通，确保顾客满意；向总经理报告销售业绩和提出改进建议。

六、部门：办公室　岗位：办公室主任

（1）负责组织员工的招聘、培训、考核。定期或不定期地组织相关质量安全人员进行培训及考核。负责组织对直接接触产品的从业人员进行卫生法规和相应技术、技能的培训。

（2）在总经理的领导下，负责组织相关人员对个人卫生状况进行监控，并保存相关记录。

（3）负责组织特种岗位人员进行相关方面的培训及考核，并监督特种岗位人员必须取得《特种作业操作证》持证上岗。

（4）负责协助相关部门对各种工艺文件及各项规章制度的草拟及编制，并认真保管好公司的各种工艺文件及规章制度。

（5）负责组织对公司的各种文件的打印、复印、传递督办等工作。

七、部门：生产车间　岗位：车间主任

（1）协助生产部长监督管理生产车间的各项质量安全工作，

并保证能够整洁有序地完成。

（2）组织实施生产各工序的质量控制，确保按照工艺文件和作业指导书生产，及时发现问题及时组织解决；组织职工积极参加技术和管理业务学习，提高质量意识和技术水平。

（3）审核本车间的各种质量记录，按月及时上报。

八、部门：质检部　岗位：质检员

（1）严格遵守公司内各项工作程序和有关规章制度，自觉贯彻公司质量方针。

（2）认真学习和执行国家、行业和本公司的检验标准，严格把关，不放过任何不合格品。

（3）正确使用检验、测量和试验设备，并做好维护保养。

（4）负责原材料、半成品和成品的检验工作。

（5）负责公司各种标识和可追溯性的管理工作。对在检验过程中存在的质量问题具有否决权。

九、部门：生产车间　岗位：生产班长

（1）在生产部长的领导下，协助车间主管管理本生产流水线的各项质量安全工作。

（2）确保本生产流水线按照工艺文件和指导书的要求进行生产，发现问题及时上报车间主管及时组织解决。协助车间主管组织职工积极参加技术和各项相关标准的学习，提高本生产流水线人员的质量意识和技术水平。

十、部门：原辅料仓库、成品仓库　岗位：仓库保管员

（1）严格遵守《仓库管理制度》各项规定。

（2）确保仓库内存放的物品应保存良好，一般应离地、离墙存放，并根据各用料部门需要，按品种规格、数量及时供应，同时应遵循先进先出的原则出入库。

（3）货物进库要认真按货单验收，核对数量，验证质量。

（4）仓库内所有的原辅材料、成品（半成品）及包装材料应分别存放并明确标识。

十一、部门：生产车间　岗位：操作工

（1）严格执行生产工艺文件和作业指导书，确保产品质量符合规定要求。

（2）自觉实施自检和互检，不放过任何一件不合格品。

（3）对于各种质量事故，及时报告生产班长或有关领导。

（4）服从安排，完成其他临时性工作。

第二节　制度文件

一、人员培训管理制度

1. 目的

确保从事影响产品质量工作的人员具备必要的能力并能够胜任本职工作。

2. 范围

适用于公司人力资源包括临时雇用人员，必要时还包括供应人员能力的确定、培训和管理。

3. 职责

（1）办公室

负责公司《年度培训计划》的编制、实施和监督。

负责上岗员工的基础教育。

负责组织对培训效果进行评价。

（2）各部门

负责本部门员工的岗位技能培训。

负责提出本部门的培训需求，编制培训申请。

总经理负责批准公司的《年度培训计划》。

4. 培训原则和方式

坚持"干什么，学什么，缺什么，补什么"的培训原则，在培训方式上坚持。

内部培训和外部培训相结合。

集中培训和分散培训相结合。

理论考试与操作考核和业绩评定相结合。

意识培训和能力培训相结合。

5. 培训、意识和能力

办公室应根据对从事影响质量活动人员的能力需求，分别对新员工、在岗员工、转岗员工、各类专业人员、特殊工种人员、内审员等进行培训或采取其他措施以满足要求。

公司基础教育：包括公司简介、员工纪律、质量方针和质量目标、质量安全和环保意识、相关法律法规、质量管理体系标准知识等的培训。在进入公司一个月内由办公室组织进行。

部门基础教育：学习本部门工作手册主要内容，由所在部门负责人组织进行。

岗位技能培训：学习生产作业指导书、所用设备的性能、操作步骤、安全事项及紧急情况的应变措施等，由所在岗位技术负责人组织进行，并进行书面和操作考核，合格者方可上岗。

按照培训计划，每年应对在岗员工进行一次全面岗位技能培训和考核。

特殊工序和关键工序人员培训，由所在岗位技术负责人负责培训，考试合格后方可上岗，每年对这些岗位的人员还应进行考核。

质检员、电工、电焊工、司炉工、驾驶员和内审员需取得国家授权部门的培训合格证书。

按照培训计划，每年应组织生产部人员进行卫生法规和相应技术、技能的培训。

技术人员培训：各类技术人员是新产品开发的主力军，应创造条件使他们的知识不断更新，由公司负责按排内部培训或外送培训。

6. 培训和教育的目的

满足顾客和法律法规要求的重要性；

违反这些要求可能造成的后果；

自己的工作对质量管理体系的重要性；

如何为实现自己的工作质量目标做出贡献。

7. 评价所提供培训的有效性

办公室组织各部门通过操作考核、理论考试和业绩评定等方法，评价培训的有效性并考察被培训人员是否具备所需的能力；

每年第四季度办公室组织各部门培训负责人召开年度培训工作会议，评价培训的有效性并征求意见和建议，以便更好地制定下年度培训计划；

办公室应加强对员工日常工作业绩的评价，可随时对各部门员工进行现场抽查，对不能胜任本职工作的员工应及时暂停工作，安排培训和考核或转岗，使员工的能力与其所从事的工作相适应。

8. 培训计划及实施

每年 11 月份各部门上报办公室下年度的《培训申请计划》，根据公司需求及下年度各部门《培训申请计划》，于 12 月份制定下年度的培训计划(包括培训内容、对象、时间和考核方式等内容)，经总经理批准后下发各部门并监督实施。

每次培训各相关部门应填写《培训记录表》，记录培训人员、时间、地点、教师、内容及考核成绩等，培训后将有关记录、试卷或操作考核记录等交办公室存档。

各部门的计划外培训应填写《培训申请单》，报管理者代表批准，由相关部门组织实施。

二、技术文件管理制度

1. 技术文件的发放与回收

技术文件发放由文件管理员填写《文件发放、回收登记表》，经分管领导批准后，方可发放。

作废文件由文件管理员按《文件发放、回收登记表》收回。作废文件加盖"作废"印章，文件管理员填写《文件销毁登记表》，经文件管理部门负责人批准后，统一销毁。技术部门存档只须加盖"作废"印章。

2. 技术文件的更改

文件需要更改时，应由文件更改提出人提出，文件更改部门填写《文件更改申请单》说明更改原因，对重要的更改还应附有充分证据，经批准后，由技术文件管理员更改并加盖更改人印章。

文件更改的审核和批准应由原审批人进行，当原审批人不在职时，可由接替岗位的人员审批。

技术文件经三次更改应进行换页，原版作废，换发新版本。

3. 技术文件和资料的管理

正式技术图纸必须加盖"受控"印章并注分发号，每份文件都有不同的分发号，便于追溯。

当文件使用人的文件破损严重影响使用时，应办理更换手续，交回破损文件，补发新文件，新文件的分发号仍沿用原文件分发号，文件管理员将破损文件销毁。

当文件使用人将文件丢失后，应填写《文件丢失报告单》写明原因，经本部门负责人批准后，方可办理领用手续。

需临时借阅归档文件的人员，填写《文件借阅登记表》，经文件管理部门负责人批准方可借阅文件，借阅者应在指定日期归还，文件到期不归还者，由管理员收回。

技术文件由办公室负责管理。

三、生产设备管理制度

1. 目的

确保生产设备的正常运转，以满足生产和顾客需要。

2. 范围

适用于生产部所有的生产设备。

3. 设备的提供

生产部根据使用部门的要求及公司发展的需要，填写《生产设备配置申请单》，注明设备名称、用途、型号规格、技术参数、单价和数量等，报总经理批准后，由生产部负责落实采购计划，采购部具体实施采购。

4. 设备的验收

采购的生产设备，生产部组织使用部门进行安装调试，确认满足要求后，由生产部和使用部门在《设备验收单》上签字验收，并记录设备名称、型号规格、技术参数、单价、数量、随机附件及资料等内容。《设备验收单》由生产部保管。低值易耗的工具、卡具、量具等由使用部门自行验收；

验收不合格的设备，生产部与供方协商解决并在《设备验收单》上记录处理结果；

生产部对验收合格的设施建立设备档案，并在《生产设备清单》上登记；

生产部根据合格设备验收单，办理登记和建档手续，低值易耗工具、卡具、量具等由仓库凭《设备验收单》办理入库手续。

5. 设备的使用、维护和保养

根据生产需要，生产部组织编写设备管理制度和操作规程，发放给使用部门执行。对于大型精密设备或关键特殊过程所使用的设备必须有操作规程，相关操作人员应由部门技术负责人培训，考试合格后持证上岗。

生产部制定《生产设备点检表》，规定保养项目和频次并发给使用部门执行，各岗位负责人监督检查执行情况。

生产部每季度收集《生产设备点检表》，整理入档作为制定下年度检修计划的依据。

生产部每年12月份制定下年度的《设备检修计划》并发至相关部门执行。

日常生产中车间无法排除的故障，应填写《设备检修单》报生产部组织检修，检修好的设备必须有使用部门负责人签字验收后方可使用。

6. 设备的报废

无法修复或无使用价值的设备，由生产部填写《设备报废单》，经总经理批准后报废，生产部《生产设备清单》中注明情况。

对低值易耗的工具、夹具和辅具等，由使用部门填写《设备报废单》报生产部批准即可报废。

四、生产设备维修保养制度

1. 目的

对设备进行必要的维护和保养，以延长设备的使用寿命，确保设备完好率达到95%以上，以保障生产的正常需要。

2. 范围

适用于公司与产品质量管理体系有关的生产设备的控制和管理。

3. 职责

生产部负责生产设备的管理、维护和保养工作。

各车间负责维护和保养好本车间的生产设备。

采购部负责设备的采购工作。

4. 程序

（1）设备管理

凡公司的生产设备，统一由生产部建账和管理；

每台设备都有公司固定的财产编号；

每半年由生产部会同有关部门对设备状况检查一次，做到账物相符。

（2）设备保养

对公司所有的生产设备，在每天开启前，检查设备运转情况，擦拭设备。

设备操作者必须经公司培训后方可上岗，每台设备责任落实到人，遵循谁操作谁负责的原则，其他人不得擅自用他人设备。

设备维修人员对设备的维修情况进行详细记录。

对重点设备，操作者和维修人员要每天检查，并掌握设备操作规程。

维护和保养由电工和维修工按各工种保养要求、安全操作规程进行维护和保养。要求及时检查，每月彻底保养一次以达到设备保养要求。

生产部在每年 12 月份编制下一年度《设备检修计划》，报总经理批准后实施。

（3）设备档案

设备档案由生产部整理归档，档案内容包括设备技术资料、检修记录、异常记录和事故记录等。

设备报废由使用车间出具设备使用精度证明，确认需报废的，由生产部审核，经总经理批准后实施报废。

（4）设备事故

生产部的质量目标是设备完好率为 98%，若因设备故障而导致影响生产的情况称为设备事故。

人为因素造成设备停产的也为设备事故。修复设备在 500 元以内的为一般设备事故，超过 500 元的为严重设备事故。

对设备事故的分析由生产部具体组织，分析事故原因，采取有效措施，以防类似事故再次发生。

五、检验设备计量器具管理制度

为了正确贯彻《计量法》，加强我单位计量标准和计量器具的管理，保证法定计量单位统一和量值准确可靠，根据《计量法》的有关条文制定本制度。

（1）检定人员对所使用的标准器具和检测仪器、设备必须严格按操作规程和检定系统进行操作、检定，并对检定、测试结果的准确负责。

（2）标准器具和检测仪器人员上岗前必须通过用前检查，确认完好无损方可操作。

（3）检定人员对所使用的标准器具和检测仪器应做到"三懂""四会"，即懂结构、懂性能、懂原理，会使用、会检查、会保养、会排除故障。

（4）检定人员在检定工作结束后应切断电源、清点附件、清洗上油、整齐地放在规定的位置。

（5）计量检定人员操作仪器时，要精神集中，不准闲谈、打闹和擅离工作岗位。

（6）保持工作室内清洁、整齐，达到卫生规定要求。

（7）为保证在用计量器具量值准确统一，质检部应根据本单位生产需要和计量器具的使用，向上级计量部门申请建立计量标准和周期检定计划。

（8）计量标准必须经上级计量部门考核合格后方可使用。

（9）计量标准器具必须按国家计量检定规程规定周期送上级计量部门检定，超过检定周期或经检定不合格的计量标准器具不得使用。

（10）使用标准器具进行检定工作，必须严格按国家检定规程进行精心维护保养、正确使用，发现异常应立即报告主管领导。

（11）计量标准器具的技术档案资料应妥善保管，不得丢失或损坏，稳定性记录要认真填写。

（12）计量检定人员必须按标准说明书技术要求及操作规程，

正确使用标准器具，不得超过作用范围或随意拆卸调整。

（13）计量标准器具应由专人管理，并按标准器具技术要求说明书规定要求，定期维护与保养。

（14）使用和保管计量标准器具的房间要求清洁、干燥，温度、湿度要相对稳定。

（15）标准器应整齐存放，严禁与含酸、含碱、水等腐蚀性物质存放在一起，以免锈蚀损坏。

（16）使用计量标准器时要注意校零点，使用时要轻拿、轻放，严禁碰摔、划伤、发现碰、摔、划应立即汇报，组织修理、检定。

（17）用电计量标准装置在使用前应仔细检查电源，插销及各个指示装置，正常后方可进行正常工作，用完后关闭各个开关，切断电源。

（18）使用计量标准器的操作人员，对使用的计量标准器应填好维护、保养记录并存档备查。

（19）按规定保持室内温度并保持相对稳定，以满足检定规程要求。

（20）计量人员带电操作时严格按操作规程执行，下班就切断电源，关水、关门窗，发现事故隐患要及时采取措施排除。

（21）凡使用标准器具测试数据的岗位和生产环节必须建立计量原始记录。

（22）质检部应建立的记录证书有：

标准器使用记录簿；检定证书；检定合格证明。

（23）计量人员对计量检定、测试结果必须经两人互相检定校验无误后方可出示证书和数据，并对测试原始记录内容、项目进行认真的填写，做到数据真实准确清晰，报出及时。

（24）检定记录、合格证书应记清楚，证书编号、日期、启用时间、有效时间，应妥善保管。

（25）质检部设兼职档案资料保管员统一管理技术文件、技术资料、检定测试记录、证书标记，做到统一编号、登记，严格借用手续，严防丢失。

（26）按规定时间保管好档案资料，销毁档案、资料应经分管领导批准，丢失档案资料应追究当事人的责任，给予适当处罚。

六、采购管理制度

1. 目的

对采购过程及供方进行控制，确保采购的产品符合规定要求。

2. 范围

适用于对生产所需的各种原辅材料的控制，对供方进行评价选择和控制。

3. 职责

（1）采购部

负责编制产品明细表及协助质检部制定采购物资的技术标准。

负责对供方进行评价，编制《合格供方名录》。

具体负责采购活动的实施。

（2）质检部

制定采购物资技术标准并负责对采购物资的进厂检验。

（3）总经理

批准《合格供方名录》。

4. 程序

（1）对供方的评价

采购部根据采购物资的技术标准和生产需要，通过对物资的质量、价格、供货期、信誉度进行比较，初步确定候选供方。

请这些单位提供少量样品（必要时）和初步报价，提供满足质量要求能力的证明材料（可包括：营业执照复印件；生产许可证；产品合格证；公司基本情况；产品执行标准；产品样本及检测报告）回执公司。

必要时，采购部组织人员到供方进行调查，了解供方的公司管理、技术力量、生产现场、销售服务、供货能力并写出调查报告。

采购部组织人员对供方进行评价，并填写《合格供方评审表》。

（2）合格供方的选择

在综合评价的基础上，填写《供方质保能力调查表》，采购部推荐《合格供方名录》报总经理批准，对重要供方建立《供方档案》。

采购部保存经批准的《合格供方名录》。对于合格供方，采购部应建立并保存其有关体系运行记录，以便在对其供货业绩进行评定（每年一次）时，决定供方是否可以作为下一年度的合格供方。

一年内未给公司供货的合格供方，应从《合格供方名录》中删除，再次供货时，需按规定重新评价。

合格供方提供的产品在进货检验过程中出现批次、全性能或部分重要性能不合格时，采购部应及时警告供方，并要求其立即采取有效措施纠正。经采取纠正措施仍不能满足公司质量要求时，应从《合格供方名录》中删除。

对于顾客指定的供方，采购部仍应按规定进行评价和控制。发现该供方不能满足规定要求时，公司应与顾客协商解决，达成共识。

（3）采购

采购部根据生产销售情况编制《采购计划》报总经理批准。

采购部根据批准的《采购计划》和生产部提供的相关信息，从《合格供方名录》中选择供方并实施采购。

（4）进货检验

采购的物资到位后，仓库保管员提供少量样品予质检部，质检部根据进货检验依据填写《原材料进货检验记录》，检验合格后方可入库；不合格的产品由采购部负责处理或退货。

按文件《原材料采购标准》进行进货检验。

七、质量检验管理制度

为了更好地完成对原材料、半成品、成品的检验，特制定本制度。

1. 总则

质检部是公司的检验部门，主要由其完成对原材料、半成品、成品的检验。

2. 公司内部的检验

公司内部实行的是三检制，所谓三检制就是实行操作者的自检，工人之间的互检和专职检验人员的专检相结合的一种检验制度。

（1）自检

自检就是生产者对自己所生产的产品自行进行检验，并作出是否合格的判断，检验内容包括产品的外观、塑化情况、宽度和厚度。这种检验充分体现了生产工人必须对自己生产产品的质量负责。通过自我检验，使生产者了解自己生产的产品在质量上存在的问题，并开动脑筋，寻找出现问题的原因，进而采取改进的措施，这也是工人参与质量管理的重要形式。

（2）互检

互检就是生产工人相互之间进行检验，检验内容和自检一样。这种检验不仅有利于保证加工质量，防止疏忽大意而造成不合格品出厂，而且有利于搞好班组团结，加强工人之间良好的群体关系。

（3）专检

专检就是由公司质检部门专业检验人员进行的检验，它是互检和自检不能取代的。检验员必须按照规定进行采样，对每批产品进行检验，并将检验结果及时通知车间，便于车间及时根据检验结果调节工序工艺参数。

3. 委托检验

为了保证交付产品的质量稳妥可靠、不带隐患，质检部人员要不定期地将片材送至相关的国家部门进行检验。

4. 不合格品管理

在不合格品管理中，质检员要严格执行《不合格品管理制度》的有关规定，坚决做到"三不放过"原则。

（1）不查清不合格的原因不放过。

（2）不查清责任者不放过。这样做主要是为了预防，提醒责任者提高全面素质，改善工作方法和态度，以保证产品质量。

（3）不落实改进的措施不放过。不管是查清不合格的原因，还是查清责任者，其目的都是为了落实改进的措施。

5. 产品检验的程序管理要求

（1）进货检验

生产所用的每批原材料进厂后，质检部进行进货检验，确认合格后由采购部办理入库手续，并做好相应的记录，不合格的原材料按《不合格品管理制度》执行。

必要时，供方材质检验证明或供方有所变化时，由质检部负责试制样品或样片，对所需项目要求的质量特性进行测试，并做好记录，作为合格品入库依据。

对供需双方或顾客相互发生异议时，委托权威检测部门进行检验，协调认可后，作为检验合格入库依据。

（2）半成品的工序测量和监控生产车间各生产工序的工作由质检部执行。按工艺规格规程要求做好巡回检查，如发现有违反有关工艺规定的应及时指出并责令相关人员进行更正，应做好巡回检验记录。

（3）产成品（出厂产品）及包装的测量和监控

成品由检验员按有关的质量标准进行检验，做好相应的记录，在标签上签发合格标识，然后可以办理入库包装手续，对不合格品，要按照《不合格品管理制度》执行。

成品库应确认入库产品的合格标识，对无合格标识的产品，有权拒绝入库。

（4）公司依据产品生产线工序流程的特点，对各工序工艺要求，必要时按相应技术检验文件要求进行再确认的检验检测，并做好保存记录。

（5）紧急放行

当所需产品因生产或顾客急需来不及验证时，在可追溯的前提下，由生产部或销售部填写《紧急放行申请单》，由总经理或管

理者代表批准后，方可出厂。

在放行的同时，检查人员应继续完成该批产品的检验，当发现不合格时，责成生产部或销售部或相关人员对该批紧急放行产品进行追踪处理。

除非顾客批准，否则在所有规定活动均已圆满完成之前不得放行产品和交付服务，顾客批准放行后，必须记录该情况。

八、产品的测量和监视

监视和测量的产品包括采购产品、半成品和最终成品。

（1）采购品的监视和测量：进货产品由采购部采购。产品到货后由质检部检验员依据《原材料采购标准》进行检测。经检测合格的产品方可投入生产使用。检测不合格的产品由采购部负责处理或退货。

（2）半成品的监视和测量：产品实现过程中，各岗位人员根据工艺文件要求进行检测，检验人员按照《过程检验规定》进行检测，经检测合格的产品方可流入下一道工序。生产操作人员按技术文件规定填写有关记录并签字。

（3）成品的监视和测量：根据《食品包装用聚氯乙烯硬片、膜》（GB/T 15267—1994）、《聚丙烯（PP）挤出片材》（QB/T 2471—2000）、《食品包装用聚对苯二甲酸乙二醇酯（PET）片材》（Q/JD S01—2014）、《食品包装用聚苯乙烯（HIPS）片材》（Q/JDT 01—2016)等工艺技术文件对产品进行外观及其性能检测，并登记相应记录等。检验过程中如出现有争议或无法按标准判定时，应上报质检部，由其统一处理。只有在规定的各项检验和实验完成后，并且作出相应的检验状态标识后，产品方可办理入库。

（4）公司对检验人员及产品检验质量活动的过程，包括以下几点：

①对产品检测人员的素质要求：

坚持原则，忠于职守，树立顾客质量意识，独立不受干扰，行使产品质量判断；

具有相应的技术知识素质，熟悉和了解产品所需的质量特性要求，正确操作和使用监视和测量装置；

熟悉公司质量管理体系文件，熟悉和了解产品不合格控制的程序管理要求；

具有能够按管理要求作好产品检验记录、提供书面报告及建议的能力。

②质检部对各产品检验准则、规程等检验文件的齐全性、完整性、规范性、有效性进行存档、保存、发放等管理，确保检验人员正确使用其相关文件。

③质检部对产品检验的过程记录，按产品的生产批号集中汇总整理、保管和存档。

九、生产过程质量管理制度

1. 目的

加强生产过程质量管理，使之协调有效进行，以确保产品质量，降低消耗，提高生产效率。

2. 适用范围

适用于生产过程质量管理工作。

3. 内容

（1）生产部负责制定工艺文件，并及时将工艺文件发放到生产车间。

（2）生产部操作人员应确实依照生产工艺、操作规程、作业指导书等工艺文件进行操作，并做好各项质量表格的记录。

（3）生产部按工艺要求提供合格生产设备和良好生产工作环境，按工艺文件均衡安排生产。

（4）质检部对产品实现过程进行验证，严格各工序间的关系，确保过程质量和实际能力达到一致。过程验证过程中发现的质量问题，相应部门要及时定出采取的措施，从人员、原材料、规程、生产环境及检测手段等方面分析原因并采取相应的措施。

（5）生产过程质量管理的基本任务：确保产品质量；提高劳动效率；节约材料和能源消耗；改善劳动条件和文明生产。

（6）生产过程质量管理的基本要求：强化质量意识；质检部与生产部要有机配合，确保生产现场物流和信息流的顺利畅通，实现生产过程质量管理的基本任务。

十、生产过程质量管理考核办法

1. 目的
对生产过程质量管理实施严格考核，确保有关部门和人员都严格执行生产过程质量管理制度。

2. 适用范围
适用于生产过程质量管理的检查考核。

3. 职责
质检部负责生产过程质量管理的检查考核。

4. 生产过程质量管理基本要求
严格工艺纪律是加强生产过程质量管理的重要内容，是建立正常生产秩序、确保产品质量、进行安全生产、降低消耗、提高效益的保证。公司全体人员都应严格执行工艺纪律。

5. 工艺纪律的主要内容
（1）公司领导及职能部门的工艺职责：

建立和健全统一、有效的工艺管理体系，制定完整、有效的工艺管理制度及岗位责任制；

工艺文件必须正确、完整、统一、清晰；

生产安排必须以工艺文件为依据，做到均衡生产；

凡投入生产的原辅材料必须符合设计和工艺要求。

（2）生产现场工艺纪律：

操作者要认真做好生产前的准备工作，严格按工艺文件和有关标准进行生产；严格执行工艺参数并予以记录，存档备查；

生产操作人员和电工等必须经过培训考核合格后上岗；

新工艺、新技术、新材料和新装备必须经验证、鉴定合格后纳入工艺文件方可正式使用；

生产现场应做好文明管理和文明生产。

6. 生产过程质量管理考核

质检部、生产部每季度对工艺纪律检查考核一次；

考核的主要内容为：工艺文件的贯彻情况；设备和工艺装备的完好情况；计量器具的周期鉴定情况；文明管理和文明生产情况等；

生产过程质量管理考核记录由质检部归档保管。

十一、关键控制点管理制度

1. 目的

工序质量控制是质量管理的一项重要工作，只有加强工序质量控制，才能确保产品质量的提高。建立工序质量控制点，是对工序中需要重点管理的质量特性、关键部位在一定期间内、一定条件下进行强化管理，使工序稳定地处于良好的控制状态。

2. 范围

适用于在生产过程中所有关键工序的操作管理。

3. 内容

（1）根据各产品品种工艺流程确定其关键控制点，具体如下：

PVC 片材：配料、混料、挤出、压延四个工序；

PP 片材：配料、混料、挤出、压光四个工序；

PET 片材：配料、结晶干燥混合、挤出、压光四个工序；

HIPS 片材：配料、混料、挤出、压光四个工序。

（2）由生产部制定关键控制点的操作规程、作业指导书、各工序的质量记录等。

（3）对工序控制点操作者的要求：

关键工序人员必须通过培训考核合格后方能上岗，由所在岗位技术负责人负责培训，学习生产作业指导书、所用设备的性能、操作步骤、安全事项及紧急情况的应变措施等；

掌握本工序的质量要求；

熟练掌握操作规程，严格按技术文件进行操作和监控；

了解影响本工序质量的主导因素，并按有关制度要求严格控制管理；

按要求做好各项质量记录，做到严肃、认真、整洁、准确、不弄虚作假。

（4）对当班班长的要求：

当班班长应把工序控制点作为工艺检查的重点，检查督促操作者执行工艺及工序控制点有关规定和制度，发现违章作业立即劝阻，对不听劝阻者要及时向车间主任报告并做好记录。

巡检时应重点检查控制点的质量特性及影响质量特性的主导因素，若发现不正常，应协助操作者找出原因，采取措施，加以解决。

（5）关键控制点的管理

生产部根据所生产不同类别的产品，制定关键质量控制点的操作规程和作业指导书，报总经理批准。

生产车间按关键质量控制点操作规程和作业指导书进行质量控制，做好操作记录，并保存。

每个班组相关成员负责质量管理记录的填写，真实有效。每个班组的记录两次。

（6）质量管理记录

《生产日报表》；

《生产设备使用记录》；

《过程检验记录》；

《生产设备点检记录》。

十二、过程检验制度

（1）目的

为确保生产品质，尽早发现生产过程中影响产品质量的因素，避免出现批量件品质问题，特制定本制度。

（2）范围

适用于生产过程的所有检验。

（3）内容

① 每个班组指定人员负责组织对半成品进行质量检验，质检部进行监督。

② 生产车间负责对不合格品进行处理。

③ 车间员工对每批片材都要进行过程检验，并予以记录，质检部进行监督。

（4）过程检验包括首件检验、巡回检验和完工检验

① 首件检验

首件检验定义：每个班次刚开始时或过程发生改变(如人员的变动等)的第一或前几件产品(成品或半成品)的检验。

首件检验时机：

每个班组开始生产时；

生产中更换操作人员；

更换原材料(如生产过程中材料变更等)。

首件检验要求：

所有半成品或成品的首件检验合格后方可连续生产；

首件检验项目包括外观、宽度、厚度三个方面的检验；

由生产操作人员进行首件检验的记录，质检员负责监督抽查。

② 巡回检验

巡回检验定义：对制造过程中进行的定期或随机流动性的抽检。

巡回检验时机：

首件检验合格后；

生产过程中定期或随机抽检。

巡回检验要求：

发现问题及时处理并记录，同时分析原因，迅速采取补救措施，防止再次发生类似不合格；

巡回检验项目包括外观、宽度、厚度三个方面的检验；

由生产操作人员进行巡回检验的记录，质检员负责监督抽查。

③ 完工检验

完工检验定义：每个班次结束时或过程发生改变(如人员的变动等)后的最后一件产品(成品或半成品)的检验。

完工检验时机：

每个班组结束生产时；

生产中更换操作人员；

更换原材料（如生产过程中材料变更等）。

完工检验要求：

完工检验项目包括外观、宽度、厚度三个方面的检验；

由生产操作人员进行完工检验的记录，质检员负责监督抽查。

（5）对检验合格的成品进行允许入库。

（6）对检验不合格的成品，质检部会同生产部、车间确定应采取的有关措施（如处理废品、报废等）。对半成品予以扣留，不得转序，并加标识另外存放。

（7）检验记录应齐全、清晰，由生产部保存。

十三、出厂检验制度

1. 目的

确保成品合格，维护公司利益和消费者的权益。公司实施严格的出厂检验，严把产品质量关。

2. 职责

质检部负责成品出厂检验工作。

3. 内容

（1）出厂检验是成品出厂前对其质量状况所进行的最后一次质量考核，也是全面考核成品质量是否符合规定要求的重要手段，因此，出厂检验应严格按照标准要求检验。

（2）质检部负责对成品进行检验，并做好详细记录。

（3）检验依据：成品完成后，由质检部负责根据《食品包装用聚氯乙烯硬片、膜》(GB/T 15267—1994)、《聚丙烯(PP)挤出片材》(QB/T 2471—2000)、《食品包装用聚对苯二甲酸乙二醇酯(PET)片材》(Q/JDS 02—2017)、《食品包装用聚苯乙烯(HIPS)片材》(Q/JDT 01—2017)等产品标准对产品进行外观及其性能检测,并做好原始记录和检验报告等。

(4)质检部对各项原始记录、检验报告进行分析,确认规定的检验项目均已完成,且结果符合规定要求后,出具《成品检验报告》。

(5)对检验合格的产品,按规定进行包装、标识,方可入库、出厂。

(6)对检验不合格的产品,按《不合格品管理制度》执行。

(7)原始记录、检验报告和产品合格证应齐全、清晰。原始记录、检验报告由质检部保存。

十四、不合格品管理制度

1. 不合格品的管理规程

为了加强对不合格品的控制和管理,对加工过程中的不合格品做出如下规定:

加工过程中的产品质量检验实行自检、互检和巡检,自检就是操作者自己检验,互检就是下道工序检验上道工序,巡检就是质检员对过程产品进行不定期检验。

对检验发现的不合格品不能进入下一道工序,应单独存放,做好标识。

可以返修的不合格品进行返修,返修后的不合格品要重新进行检验。

检验工作由车间质检员负责,并填写"不合格品返修检验记录"，对检验项目进行逐项检验，检验人员给出检验结果，同时签名并注明检验日期。

不合格品返修以后，若未进行重新检验仍视为不合格品。

对残次品严格管理。质检人员对残次品要涂以标志，必须放在特定的位置保管，以防混入成品堆，单独存放，专人处理。

每批生产完成数量后，所产生的残次品，要登记数量，入册存档。

每批生产所产生的不合格品，要注明生产日期、批号、缺陷。

不合格品的漏检、误检率为0%。

2. 不合格品处理

（1）不合格品的分类

严重不合格：经检验判定的批量不合格或造成较大经济损失、直接影响产品质量、重要功能、性能指标等的不合格品。

一般不合格：个别不合格或少量不影响产品质量的不合格品。

（2）生产提供过程中不合格的控制

生产提供过程中出现不合格品时，由质检员对其进行标识，做好检验记录。必要时对不合格品应隔离存放以防止错用。

质检员会同作业人员对不合格品产生的原因进行分析，并对其适用性进行评价，提出处置意见。

不合格品需返工、返修时，由原生产部门进行，质检员应对返工或返修时的情况进行监督。返工和返修后的产品，质检员应按照规定进行重新检验。

不合格品需报废处置时，质检员应做出废品标识，由生产部负责放置废品区并及时进行作废处理。

（3）所有不合格品处置都应填写记录，并由退、收双方签字认可，以利于不合格品的转序控制。

（4）交付或开始使用后发现的不合格

成品交付给顾客或顾客已经使用发现的不合格，应按照《不合格品召回制度》和《退货品管理制度》执行，同时，质检部和生产部应采取相应的纠正措施，杜绝此类不合格品的再次发生。

（5）不合格控制记录由质检部保存。

十五、不合格品召回制度

1. 目的

为确保从原料到成品标识清楚，具有可追溯性，建立和实施回收程序，以确保能及时召回不安全的产品。

2. 不合格品的分类

（1）严重不合格：批量不合格或造成较大经济损失、直接影响产品质量、重要功能、性能指标等的不合格品，存在安全卫生方面的问题，对消费者身体健康造成伤害的不合格产品。

（2）一般不合格：没有安全卫生方面的问题，对消费者身体健康不形成伤害，但个别不合格或少量影响产品质量的不合格品。

（3）可疑产品的确定，可以是公司或客户发现的有关产品质量、卫生安全的信息。

3. 职责

（1）销售部负责建立客户信息记录和档案，负责与客户的沟通和联络。

（2）质检部负责建立公司内部可追溯性体系，组织纠正预防措施计划的实施。

（3）其他相关部门落实本部门责任的纠正预防措施。

（4）销售部副经理负责对产品召回制度的整体组织，担任召回小组组长。

4. 程序

（1）生产部门应保证产品的生产加工数量统计准确、包装物上识别内容应得到检验核实，保证包装物上识别的内容与产品的一致性，避免混装或窜级，或数量短缺。

（2）回收计划一旦决定，销售部应以最快的速度100%通过电话、传真通知到所有收货人，并随后寄发书面回收函件。

（3）若公司主要根据订单生产，主要通知对象为直接客户。

（4）回收某一批产品时，销售部副经理应组织相关部门评审产品质量和卫生安全问题所造成的危害程度，制度具体的回收办法和措施，并报总经理批准后交销售部实施。

（5）回收某一批次产品时，应确定该批次生产加工的总数量、进入销售环节的数量、退回数量和企业现存数量并做好记录。

（6）回收某一批次产品时，应确定回收的销售区域及分布广度和深度。

（7）回收进度要定期向总经理和其他有关机构报告。

（8）回收的产品经证实确实对健康产生危害的必须销毁，其他则作降级处理，并做好记录。

（9）建立对产品的投诉档案，对所有投诉的联系方式和处理结果做出详细记录并归档保存。

十六、退货品管理制度

为保证公司片材质量和规范管理，确保公司及客户利益，防止无理由退货，特制订本制度，具体如下：

（1）销售或配送后的片材因质量问题需退回公司或由公司召回的，应由质检部核准后，在《不合格品报告单》上签属"同意退货"的意见并签字。

（2）凡无正当理由或责任不应由公司承担的退换货要求，原则上不予受理。特殊情况由公司总经理批准后执行。

（3）未接到质检部"同意退货"的《不合格品报告单》或相关批件，保管员不得擅自接受退货片材。

（4）所有退回的片材，应由成品保管员凭销售部开具的退货凭证收货，并将退回的片材存放于退货片材库。

（5）对退回的片材，保管员应严格按照原销售清单逐批验收。与原销售清单相符的，办理冲退；不符的，不能办理退货手续，应及时报销售部处理。

（6）应加强退回片材的验收质量控制，必要时应加大验收抽样的比例。

（7）因货与单不符而退货的片材，在质检部验收合格无质量问题，且内外包装完好、无污染的片材，可办理入库手续，以合格品处理。

（8）对于发生质量问题的片材，生产部应积极改变配方工艺采取相应的纠正措施，质检部也应加大检验力度，杜绝此类不合格品的再次发生。

（9）对于退货仓库要求做到台帐清楚，报表及时，分类清楚，仓库要卫生整洁，如有违反上述规定，公司将进行严肃的处理。

（10）退货工作事关公司产品的品质和声誉，责任重大。每一个从事此项工作的同志要以高度负责的态度来对待，要求：核查严格、检验严谨、处理得当、记录完整。决不允许违规处理，如有违反上述规定，公司严惩不贷。

十七、产品防护管理制度

1. 目的

确保产品在生产提供过程中和交付到预定地点期间采取防护措施，使产品在各个环节中的质量不受影响。

2. 范围

适用于公司生产提供过程及交付到预定地点期间各个环节。

3. 职责

（1）采购部负责对采购物资的防护。

（2）销售部负责对成品的防护并按合同要求送达目的地。

（3）生产部负责提供适宜的搬运工具并对从原材料出库到成品入库整个生产提供过程进行防护。

4. 内容

（1）搬运控制

搬运生产部应根据产品所在现场的特点，配置适宜的搬运工具。

搬运时操作人员应在搬运和交付中，做到轻拿轻放、防止跌落和磕碰。

对可抗外力不大的产品在搬运中不要压在底层。

对易燃、易爆、易碎品要谨慎搬运，严禁野蛮操作。

原材料物资在搬运过程中要防止与其他有损材料质量的物资混装。

（2）贮存控制

采购部、销售部、生产部要分别就原材料、半成品和成品的

仓库管理制定规章制度，规范仓库管理，做到先入先出。

仓库要建立台账，定期盘点，做到账物一致。

仓管员要经常查看库存物品，发现情况立即以书面形式通知主管领导。

（3）保护控制

生产部、采购部及销售部要制定保护措施如下：

生产提供过程中：生产周围要做到干净整洁，防止在生产过程中相互混淆或磕碰而损伤部件。

交付过程中：采购部、销售部应要求产品运输过程中车辆加盖蓬布，防止雨雪淋湿使产品生锈或包装箱淋坏。车上装载产品要摆放整齐，防止相互碰撞造成损坏。

十八、仓库管理制度

本制度规定了原辅材料仓库、设备仓库和成品仓库管理要求。

1. 进货入库验收

（1）物资到库，库管员在判明是本库应保管的物品后，根据有关单据办理手续。

（2）、顾客提供的原辅材料的产品须经生产部门和质检部门同意方可办理入库，成品入库也要经质检部的检验人员检验合格后办理入库手续。

（3）数量验收：由库管员按需入库的原辅材料逐项核对，确认物资的品名、规格、型号、材质和数量无误后办理验收入库。

（4）库管员对进库的物资要及时登账并妥善保管，保存好入库原始凭证至少1年。

（5）入库凭证应注明供方名称，如果是顾客提供产品应注明顾客名称。

（6）退库物资由退料单位办理退库手续，经部门主管人员审批，库管员检查确认合格后方可办理入库。

（7）有规定须经来料检验的原材料，必须有来料检验合格报告才可入库。

（8）对车间办理入库的产成品，要与车间主管和生产部部长核对，换药经过质检部检验人员的检验并有签章的成品检验报告方可办理入库。

2. 在库管理

（1）所有材料账，必须按规定项目认真填写，做到日清月结凭单入账，不跨越，不准无根据调账。

（2）库管员必须保持收入与结存的平衡，做到"账、卡、物"一致。

（3）物资要根据其类别、型号、批次分别存放，做到：数量清、名称清、规格清；库容整洁、摆放整齐、标志明显。

（4）对长期保存的物资要定期检查和防护，防止锈蚀、变质、霉烂、损坏，队友保存期限的则在区域标牌上注明出库截止日期。

（5）易燃、易爆、有毒等危险物品，必须隔离保管。

（6）对确需存放露天货场的物资要注意防雨、防潮、温度、湿度等，要进行控制并做好每天的监视工作。

（7）如果库房需使用衡器、工具，应按规定进行使用和维护保养，快到检定期限的装置，要提前一个月及时与质检部联系，按规定周期检定或校准，保持完好准确。

（8）仓库要有必要的环境条件如库容量、防潮、温度、湿度等，要进行控制并做好每天的监视工作。

（9）仓库内要配备必要的消防设施，严禁烟火。

3. 物资出库

（1）设备配件的领用必须由机修人员来领取，保管员要认真核对清单所列的设备备件的品名、规格、型号等，与机修人员确定后进行发货，计划外用料按有关领导核批后的文件进行发放。

（2）发料应执行"先进先出"的原则，对有保存期限要求的应在限期内发完。

（3）对公司库中的成品支付，保管员要与销售部的业务人员详细核对成品规格、型号、数量的内容，并要求有销售部的业务员在有关记录上签名，确认无误后放行。

4. 清库盘点与盈亏处理

（1）根据公司工作需要，一般情况下应每月 1 日进行库存盘点，检查物资及其账目状况。但每年必须进行盘点一次，库管员要及时将盘点结果报送采购部、销售部、财务部或相关领导。

（2）发生盈亏，库管员应查明原因，并及时报告上级处理。

（3）发生库耗，库管员应按有关规定进行报销，超过库耗部分须经主管领导审批后方可报销。

（4）库管员对物资储备和消耗量大小、超标准领用等情况及时反馈给有关负责人，并提出整改建议。

十九、清洁生产管理制度

1. 目的

通过对日常生产环境进行有效控制和管理，确保生产环境满足产品要求。

2. 适用范围

适用于所有生产车间日常的清洁生产管理和控制。

3. 职责

（1）生产部经理负责所有生产环境的检查、监督，组织定期消毒，对生产清洁工作负全责。

（2）各班组长负责组织本班组人员对机台及周边区域环境的清洁、消毒和维护。

（3）车间主管每天负责指派人员进行对各车间公共区域环境的清洁、消毒和维护。

（4）生产部维修工负责按公司有关规定要求做好设备的日常维修、保养工作，确保生产设备状态良好。

4. 控制要求

（1）总要求

对涉及食品生产所需的设备、工装、人员等按规定进行清洁、消毒，以确保产品符合卫生和质量控制要求。

（2）人员出入控制

凡进入生产区域人员必须通过专用通道方能进入。

所有生产区域不得用餐或吃其他食物。

操作人员工作服、工作鞋必须保持干净整洁，做到勤洗头、勤剪指甲，保持个人卫生。

（3）与产品有关的设备部件、工装、包装物清洁、消毒要求：

更衣室、材料区域、生产、包装区域每周二、周五18：00~20：00由生产主管负责，两次，消毒时所有人员回避。

所有用于食品级产品的内层包装必须是通过 QS 认证的公司，使用的产品包装要求是清洁、卫生、无污染的薄膜。

（4）材料管理

非食品级产品使用的原辅材料等严禁进入食品级产品生产区域。

所有用于食品级产品的原辅材料的包装材料必须与其他普通产品的用料分开存放，标识清楚。并不得直接放置地面，以防污染、受潮。

5. 附则

公司职工要全面贯彻落实执行本制度的有关规定；

本制度的解释权归厂部所有。

二十、卫生和健康管理制度

为保证产品质量，创造一个有利于质量管理的优良的工作环境，保证员工身体健康，特制定本制度。

（1）卫生管理责任到人，办公场所应明亮、整洁、无环境污染物。

（2）生产场所屋顶、墙壁平整、无碎屑剥落；地面光洁、无垃圾、尘土与污水。

（3）生产场所地面、桌面等每天清洁，每月进行一次彻底清洁。

（4）生产区域不得种植易生虫的草木，地面平整、光洁、无积水、垃圾，排水设施正常使用。

（5）库房内墙壁、顶棚光洁，地面平坦无缝隙。

（6）库房内门窗严密、牢固，物流畅通有序，并有安全防火、清洁等措施。

（7）库内设施设备及产品包装不得积尘污损。

（8）生产车间应有防尘、防鼠、防虫等措施。

（9）在岗员工应着装整洁，勤洗澡、勤理发。

（10）生产区域的洗手池、地漏应及时清洗，避免污物积聚，造成污染。

（11）每年定期进行一次健康体检。凡直接接触产品的员工必须依法进行健康体检，体检项目内容应符合任职岗位条件要求。

（12）健康检查应到指定的医疗机构接受体检，体检结果存档备查。

（13）严格按照规定的体检项目进行检查，不得有漏检行为或找人替检行为。

（14）经体检如发现患有精神病、传染病、皮肤病或其他可能污染产品的患者，立即调离原工作岗位，待病患者身体恢复健康后经体检合格方可上岗。

二十一、安全生产管理制度

1. 总则

（1）为加强公司的劳动保护、改善劳动条件，保护劳动者在生产过程中的安全和健康，促进本企业的发展，根据国家有关劳动保护的法令、法规结合公司的实际情况制订本规定。

（2）公司的安全生产工作必须贯彻"安全第一，预防为主"的方针，贯彻执行厂长（法定代表人）负责制，各级领导要坚持管生产必须管安全的原则，生产要服从安全的需要，实现安全生产和文明生产。

（3）对在安全生产方面有突出贡献的集体和个人要给予奖励，对违反安全生产制度和操作规程造成事故的责任者，要给予严肃处理，触及刑律的，交由司法机关论处。

2. 教育与培训

（1）安全生产人人有责，各工种的工人必须认真履行各自的安全生产职责，做到恪尽职守，各负其责。

(2) 对新职工、临时工、实习人员必须先进行安全生产的三级教育(即厂级、车间、班组),考核合格后才能准其进入操作岗位。对改变工种的工人,必须重新进行安全教育才能上岗。

厂级教育(第一级),教育内容包括:安全生产重要意义,党和国家有关安全生产的方针、政策、法规、规定、制度和标准;一般安全知识,本厂生产特点,重大事故案例;厂规厂纪以及入厂后的安全注意事项,工业卫生和职业病预防等。

车间级教育(第二级),由车间主任负责,教育内容包括:车间生产特点、工艺流程、主要设备的性能;安全技术规程和安全管理制度;主要危险和危害因素、事故教训、预防工伤事故和职业危害的主要措施及事故应急处理措施等。

班组级教育(第三级),由班长负责,教育内容包括:岗位生产任务、特点,主要设备结构原理、操作注意事项;岗位责任制和安全技术规程;事故案例及预防措施;安全装置和工(器)具、个人防护用品、防护器具、消防器材的使用方法等。

(3) 特种作业人员必须按国家经贸委《特种作业人员安全技术培训考核管理办法》的要求进行安全技术培训考核,取得特种作业证后,方可从事特种作业。特种作业人员必须按国家经贸委《特种作业人员安全技术培训考核管理办法》的规定限期进行复审,复审合格后,方可继续从事特种作业。

(4) 各部门负责人要不断地对本部门的员工进行经常性的安全思想、安全技术和遵章守纪教育,增强劳动者的安全意识和法制观念。定期研究解决职工安全教育中的问题。

3. 安全生产职责

(1) 企业法定代表人(总经理)是安全生产第一责任人,对安全生产负全面领导责任,要牢固树立"安全第一"的思想。发生重大事故必须按有关规定立即上报。事故处理要坚持"四不放过"原则(事故原因没有查清不放过,事故责任者没有严肃处理不放过,广大职工没有受到教育不放过,防范措施没有落实不放过)。

(2)销售部负责人要对本部门的员工,尤其是司机和销售员的安全负主要责任,要经常地向他们灌输安全意识,要求司机开车时坚决不能喝酒。对于本部门发生的安全事故要及时地报告和处置,以确保厂部对于安全事故的掌握。

(3)车间负责人是车间安全生产的第一负责人,对车间安全生产负全面责任。要认真贯彻执行各项安全生产法律、法规、规定、制度和标准。组织落实车间级安全教育,督促检查班组级安全教育。组织对职工进行安全思想和安全技术教育,定期进行考核,组织车间级的安全检查,确保设备、安全装置、防护设施处于完好状态。发现隐患及时组织整改,车间无力整改的要采取有效的安全防范措施,并及时向厂部书面报告。对本车间发生的事故要及时报告和处置,并负责保护事故现场。事故处理要坚持"四不放过"原则。

(4)班组长要对本班组的所有员工负安全责任。组织职工学习、贯彻执行厂和车间有关安全生产的规章制度及要求。组织班组级安全教育和安全活动。认真执行交接班制度,做到班前讲安全,班中检查安全,班后总结安全。检查岗位工艺指标及各项规章制度执行情况,做好设备和安全设施的巡回检查及维护保养,并认真做好记录。严格劳动纪律,不违章指挥,有权制止一切违章作业,监督检查本辖区内的各种作业,维护正常生产秩序。负责本岗位防护器具、安全装置和消防器材的日常管理,使之完整好用。发现隐患要及时解决,并做好记录。不能解决的要上报领导,同时采取有效的防范措施。发生事故要立即组织抢救并保护现场，及时报告。

4. 生产车间工艺操作管理

（1）各岗位职工要严格执行产品的工艺技术规程、安全技术规程、岗位操作法。

（2）改变或修正工艺技术指标，生产、技术部门必须编制工艺技术指标变更通知单（包括安全注意事项），并以书面形式下达。操作者必须遵守工艺纪律，不得擅自改变工艺指标。

（3）操作者必须严格执行操作规程的规定，按要求填写运行纪录。

（4）严格安全纪律，禁止无关人员进入操作岗位和动用生产设备、设施和工具。

（5）正确判断和处理异常情况，紧急情况下，应先处理后报告（包括停止一切检修作业，通知无关人员撤离现场等）。

（6）在工艺过程或设备处在异常状态时，不准随意进行交接班。

（7）正常停车按岗位操作法执行。较大系统停车必须编制停车方案，并严格按停车方案中的步骤进行。

（8）冬季停车后，要采取防冻保温措施，防止冻坏设备。

5. 消防组织与设施

（1）厂区及生产车间要有固定的存放消防器械的地方，不允许任何人随意搬动位置，在没有火灾的情况下不允许随意使用消防器械。

（2）生产车间严禁吸烟。厂区内不准随意存放非生产用液化石油气瓶，办公室和更衣箱（室）内不准存放酒精等易燃、可燃液体。

（3）严禁使用汽油等易燃液体擦洗机动车辆、设备、地坪和衣服等。

（4）当发生紧急事故后，要按照《安全事故应急救援处理预案》的有关要求，以《应急预案具体实施方案》为指导方案来具体实施。

6. 仓库管理制度

（1）仓库要严格按照物品入库验收制度，核对、检验进库物品的规格、质量、数量。无产地、名牌、检验合格证的物品不得入库。

（2）物品的发放，应严格履行手续，认真核实。库存物资要建立明细台帐。

（3）仓库内要保持清洁干净，通风良好的环境。

（4）库房内不准设休息室、住人。每日工作结束后，应进行安全检查，然后关闭门窗，切断电源，方可离开。

7. 个人安全措施

（1）公司职工要完全按照《关于劳动纪律的规定》的有关规定来执行，若有违反者按规定进行处罚。

（2）车间职工要严格执行《车间工作制度》，在工作中每个岗位的员工都要按照各自的岗位制度来操作。

（3）厂部每年要组织职工进行体检，对于经检查不能再从事本行业工作的人员，要予以做其他的安排。

8. 检查和整改

（1）坚持定期或不定期的安全生产检查。各生产班组应实行班前班后检查制度；特殊工种和设备的操作者应进行每天检查。

（2）发现不安全隐患，必须及时整改，对于本单位不能整改的地方要外请工程师进行整改。

（3）凡安全生产整改所需费用，应经厂长审批后方可进行。

9. 奖励与处罚

(1) 公司的安全生产工作要每年总结一次,在总结的基础上,由公司办公室组织评选安全生产先进个人,给予一定的奖励。

(2) 安全生产先进个人条件:

遵守安全生产各项规章制度,遵守各项操作规程,遵守劳动纪律,保障生产安全;

积极学习安全生产知识,不断提高安全意识和自我保护能力;

坚决反对违反安全生产规定的行为,纠正和制止违章作业、违章指挥。

(3) 凡发生工伤事故(包括交通事故)的个人扣发当月的奖金,若在同一年期间因同样的原因发生的工伤事故(包括交通事故)扣除事故人当年的年度奖金。

(4) 凡发生事故,要按有关规定报告。如有瞒报、虚报、漏报或故意延迟不报的,除责成补报外,对发生事故的科室的负责人要追究相关的责任;对触及刑律的,追究其法律责任。

(5) 凡发生事故的部门事后三天内要向厂部提交一份《生产事故报告书》,报告书中要言明发生事故的时间、地点、事故人及事故的经过。厂部经过调查属实后,要对发生事故的个人采取处罚;对于发生事故的部门除责令其在一定的时期内组织人员进行安全意识的学习外,还要对部门负责人处以罚款(视情节的严重性来处罚)。

10. 附则

(1) 本厂职工要全面贯彻落实执行本制度的有关规定。

(2) 本制度的解释权归厂部所有。

二十二、消防安全管理制度

1. 总则

（1）为贯彻"预防为主，防消结合"的方针，特制定本管理制度。

（2）公司成立"灭火和应急疏散小组"，由专人负责消防安全管理。

2. 消防器材管理

（1）公司内摆放的消防器材要定点放置，不允许任何人随意挪动。

（2）消防器材的检验由办公室安排人员定期检验，坚决不漏检任何一个消防器材；消防器材经使用后办公室人员要及时更换新的，杜绝空瓶的存在。

（3）各类消防器材只限消防使用，禁止占用。

（4）消防器材的日常维护和保养由办公室组织人员进行。

（5）消防器材在使用过程中，要注意不要损坏。

3. 生产车间及仓库消防管理制度

（1）生产车间及仓库属公司重点防火部位，必须设置醒目的禁火标志。非工作人员未经许可禁止入内。

（2）生产车间及仓库严禁烟火和动火，需要动用明火时，必须经公司领导审批后，并采取相关的安全防范措施后方可动火作业。

（3）生产车间及仓库内不得存放易燃易爆物品。

（4）生产车间及仓库管理人员每天下班前，必须进行防火安全检查，确认无安全隐患，关好门窗，切断电源后，方可离开。

（5）公司内所有人员要会正确使用消防器材和扑救火灾的基本方法，对配备的消防器材要妥善保管。

4. 附则

（1）公司所有人员全面贯彻落实本管理制度的有关规定。

（2）本制度的解释权归厂部所有。

二十三、设备清洁消毒规程

1. 目的

确保设备的清洁，保证洁净区工艺卫生，防止污染及交叉污染。

2. 职责

设备操作人员，卫生检查员对本标准负责。

3. 程序

（1）清洁频度：

与医药片材直接接触的设备表面及部件，使用前后各消毒一次；

每星期生产结束彻底清洁消毒一次；

清洁工具：清洁布、毛刷、清洁盆、橡胶手套、吸尘器；

清洁剂溶液：取少许洗涤剂加适量水，稀释成溶液；

消毒剂：75%乙醇溶液，0.2%新洁尔灭溶液。

（2）清洁方法：

使用前用75%乙醇溶液消毒与片材直接接触的设备表面及部件；

使用后用吸尘器吸取设备各表面粉尘，用毛刷清除残留粉尘，用湿清洁布清除设备各表面污垢、污迹、粉垢堆积处用毛刷清洁剂刷洗清除粉垢，必要时用消毒剂消毒；

设备可拆卸部件拆卸后，刷洗清除各表面粉垢，用纯净水冲洗一次；

用75%乙醇溶液消毒与PVC片材直接接触的设备表面及部件，干燥后各部件放在制定容器内；

每星期生产结束清洁后，对设备内外所有物件消毒；

清洁后填写设备清洁消毒记录，经专职检查员检查清洁合格后，贴挂"已清洁"标示卡；

清洁效果评价：目测设备各表面及部件，无可见粉尘、粉垢，光亮洁净。

二十四、废弃片材回收处理制度

1. 目的

控制在生产过程中产生的废弃片材，严禁将生产过程中产生的废弃片材继续使用，建立一个清洁的工作环境。

2. 废弃片材的产生

在生产过程中，若发生粘辊等现象，极易产生胶状粘连在一起的胶状物片材或掉落地面的片材边角，则该种片材就应废弃，不得继续使用。

3. 废弃片材的回收处理

已废弃的片材应用树脂编织袋封存，退回原料库房内专门的废品区。废弃的片材由公司采购部统一安排回收处理，在回收处理时，采购部应分别对回收、处理的情况如实进行记录，严禁将废弃片材使用在食品包装用塑料包装的生产中。

4. 职责

各生产车间负责废弃片材的封存和回收，并在包装袋外围注明材质、数量、日期、车间、经手人等；保管和记录工作由库房负责；采购部负责废弃片材的处理工作。

第三节 应急预案

一、目的

对潜在的影响产品安全的事故或紧急情况做准备，预防或减少可能产生的产品影响安全。

二、范围

适用于公司可能发生的影响产品安全的事故和紧急情况的处理。

三、职责

（1）总经理负责紧急事件的总调度和人员安排。

（2）生产部、质检部、采购部、销售部、办公室等部门，负责监督、检查、协调、指导。

（3）质检部负责原材料、半成品、成品的应急处理。

（4）生产部负责设备、供水、供电及火灾的应急处理。

（5）其他相关各部门负责紧急事件发生时的协调、配合紧急事件的处理。

（6）各部门在处理紧急事件时要考虑尽可能地减少产品污染和人员伤害。

四、程序

1. 可能影响产品安全的潜在事故和紧急情况

（1）原材料发生质量事故。

112

（2）半成品、成品发生质量事故。

（3）公司管理体系运行出现重大事故。

（4）生产设备发生故障。

（5）停电。

（6）火灾。

2. 原料质量事故的应急处理

质检部长立即发出停用通知，检验员对有问题的原料作出明显的停用标识，并对原材料重新进行入厂检验项目检验，质检部长根据检验结果的符合性作出相应的控制和处理，并立即知会采购部负责人尽快采购新原料以供使用。

3. 半成品、成品质量事故的应急处理

存放于公司内的半成品、成品，质检部长要迅速组织人员进行检验，对于不合格产品执行《不合格品管理制度》。在运输过程中发生意外造成质量事故，司机及业务员应将产品运回公司，由质检部长安排人员逐件进行出厂检验，合格的产品可以放行，不合格的产品执行《不合格品管理制度》。

4. 管理体系运行出现重大事故的应急处理

质量负责人立即召集质量工作领导小组，分析事故发生原因，采取纠正措施。

5. 生产设备发生故障应急处理

生产部负责人立即发出停用通知，并通知生产部维修负责人安排人员立即进行维修、调试，若影响生产进度，则生产部负责人须通知销售部负责人，作出生产调整。质检部追回可能受影响的产品并根据实际情况重新检验，合格后放行，必要时须经总经理评审，决定放行或报废。

113

6. 停电的应急处理

办公室在接到供电公司的停电通知时，立即将停电的时间、再供电时间向生产部负责人报告，负责人安排生产调整事宜并通知生产部各岗位责任者做好停机、清洗等工作安排。厂内线路故障停电，电工应立即安排检修，并将再供电情况知会生产部负责人，负责人再转通知各岗位责任者做好停电准备。若某个部门因电器紧急故障需维修时，则电工应在接到通知后立即赶往现场，在获得该部门责任者的同意下，进行该部门的停电维修工作。无论是属于哪一种停电，再供电后各部门均需检查机器是否可正常运作。

7. 火灾的应急处理

任何人发现火警都有义务采取必要的应急措施，并迅速报告生产部负责人。负责人在接到火警报告后，应以最快速度赶到现场，召集义务消防队成员，控制事件扩大，灾情较严重时，发现火警后需立即报警（119），报警时讲清详细地址、可燃料情况，还应通知公司和上级领导，火灾处理后，由负责人及现场负责人分析起火原因、影响的补救处理方法，追究责任人，向相关部门领导报告。事后质检部根据实际情况对可能受影响的产品或原料根据实际情况重新检验，经总经理评审，决定放行或报废。

第四节　质量体系管理

质量管理体系如图 3-1 所示。

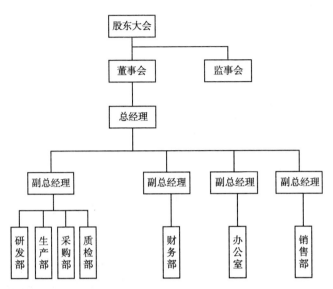

图 3-1　质量管理体系结构图

第四章　包装行业发展趋势

第一节　市场发展现状

我国食品行业的发展相对于世界上其他发达国家而言相对落后，因而在食品的机械设备研制领域相差很远。我国传统的食品包装经历了由纸包装、马口铁罐、玻璃包装等，现已进入塑料包装和复合型材料包装的过程。随着社会的进步与发展，各种各样的包装材料也越来越多了。如有机合成塑料，使得食品包装进入了一个全新的时代，药品包装亦然。

随着科技的进步与发展，食品药品包装材料也应提高科技水平，以满足人们日益增长的需求。未来的食品药品包装只有在其技术含量上提高了，才能赢得更大的市场。科技是第一生产力。现今在食品药品包装领域的生产特别是发达国家占有垄断性。我国的食品药品包装产业要想打破欧美发达国家对食品药品的垄断行径必须在包装材料的科技创新领域有突破性，方能在食品药品包装产业领域占有一席之地。

总之，食品药品包装材料今后发展主流趋势是功能化、环保化、简便化和科技化。无菌包装采用高科技和分子材料，保鲜功能将成为食品包装技术开发重点，无毒包装材料更趋安全，塑料包装将逐步取代玻璃制品；采用纸、铝箔、塑料薄膜等包装材料

116

制造的复合柔性包装袋，将呈现高档化和多功能化。社会生活节奏的加快将使快餐包装面临巨大发展机遇。食品药品工业是 21 世纪的朝阳工业，食品药品包装材料更会飞速发展，食品药品包装材料领域将是未来食品药品产业的一大支柱。

第二节　机械设备创新

着眼于当今世界食品药品包装行业发展的现状，我国的食品药品包装机械行业面对严峻的形势，我国包装机械行业必须从以下几个方面提高产品的技术含量。

1. 实现自动化化控制

食品药品包装机械技术发展趋势主要体现在高生产率、自动化、单机多功能、多功能生产线上。采用相关新技术，在包装方法上大量采用充气包装取代真空包装，将充气成分、包装材料与充气包装机三方面的研究紧密结合起来；在控制技术上，更多地应用计算机技术和微电子技术；在封口方面应用热管和冷封口技术。

2. 智能化

智能化等高新技术在食品药品包装机械中的应用，对于提高其生产效率和经济效益、降低能耗和生产成本、增加得率和提高市场竞争力等方面具有重要作用。当前，在食品药品包装机械中广泛采用的高新技术主要有智能化技术、机电光液一体化技术、自动化控制技术、膜技术、挤压膨化技术、微波技术、辐照技术以及数字化等。这些技术的应用不仅可保证产品的营养、安全、卫生、方便、快捷和降低生产成本，而且可提高生产效率、农产品有效成分的提取率、产品市场竞争力等。

117

3. 产品标准化

近年来，世界各国纷纷加强了食品药品包装机械标准的修订和标准化研究工作，把标准化工作作为食品药品包装机械技术发展的战略重点。其基本途径就是采取各自的有效措施，使本国的食品药品包装机械标准向国际标准或区域标准靠拢，以设法占领和提升技术竞争的制高点。以美、日、英、法、德等为代表的发达国家，积极参与国际性和区域性食品药品包装机械的标准化活动，企图长期占领和控制国际食品药品包装机械相关标准的制订权。我国也应将食品药品包装机械标准内容尽量纳入到国际标准中去，以保证我国利益在国际标准中得到充分体现，通过修订国际标准来保障我国食品药品包装机械在国际竞争中的地位，以利于我国食品药品包装机械扩大出口和限制进口。

4. 设计绿色化

随着全球环境的迅速恶化，要求食品药品包装机械按照资源利用合理化、废弃物生产少量化、减少对环境无污染的绿色设计已经成为各国所关注的热点。在食品包装机械的整个结构设计中，应该尽量减少不必要的零件，采用多功能的零件，减少零件数量以减少资源消耗。对零件、支撑、载荷的布置进行优化，使整机产品尽可能小型化，提高材料利用率。

食品药品包装材料的设计，应该更多更直接地使用环境友好型设计方案。在产品的全生命周期(设计、制造、使用、废弃)中的每个阶段，材料对环境的影响都应该进行有效控制。在实现产品功能要求的同时，采用对环境污染最小和资源消耗最少的绿色产品设计技术。

食品药品包装机械的绿色设计，操作流程和加工工艺的绿色化是非常重要的一个环节。食品药品包装机械的绿色制造工艺设计有以下的一些方面：采用新型加工方法，优化包装机械的工艺流程。采用高科技的工艺方法，使机械使用达到最大利用率，确定最佳工艺参数，降低原材料消耗，节省生产时间，在食品药品包装机械的生产过程中应尽量减少对环境或操作者有影响或危害的物质。

5. 结论

总之，我国的食品药品包装机械行业的发展，要做大做强，就必须在技术创新，自动化、智能化、标准化、绿色化方面做足功夫，这样才能提高产品的在未来国际市场上的竞争力。

第三节　生产工艺创新

1. 塑料包装生产线

顾名思义是以塑料为主要原料用来生产塑料片材的生产线设备，其原料几乎包括所有塑料，如 PVC、PP、PE、PC、ABS、HIBS 等。塑料片材具有塑料高分子材料所具有的特有优势，如质量轻、耐腐蚀、美观、无毒、无味、无腐蚀、抗老化、耐候性等。通常，塑料片材生产线由模具、定径套及冷却装置分流支架、模体、芯棒、成型口模组成。一般的塑料片材生产线生产工艺流程如下：

（1）塑料片材生产线开机预热：这是开机之前使模具受热动作，需预热。

（2）合模：开合模行程的合理调整，有利于提高产品脱模及产品入料效果。

（3）塑料片材生产线预热：蒸汽进入固移模内，对模具进行预热。

（4）穿透加热：提高制品芯部、内部熔结性。穿透加热浪费蒸汽较严重。

2. 塑料片材生产线的特点

自动化程度高，操作方便，连续生产，稳定可靠。塑料片材生产线的三辊压光机可自由升降。塑料片材生产线拥有独立控制的滚筒温控，系统能精确控制压光辊轮温度使片材厚度均匀。塑料片材生产线生产的片材厚薄控制采用螺杆调整及压轮双向调整控制片材的厚薄。用塑料为原料做成的片材，大量适用于建筑、化工行业，用于化工、环保、建筑时有耐磨、耐振动、耐腐蚀、可回收、强度大、抗老化、防水、防潮、不易变形、重复使用等特点。而且替下来的塑料片材还可以回收加工大大降低成本。其中特性尤为突出的是超高分子量聚乙烯，它是一种性能优质的工程塑料，如有较高的耐磨、抗冲击性能、很低的摩擦系数、良好的自润滑性能、优良的耐低温、耐化学腐蚀等。作为一种性能优良的热塑性塑料，在发展早期，主要是应用在纺织、造纸、食品等工业部门，随着技术不断进步，现在可以用不同的加工方法来生产各种各样的制品，应用领域不断扩展。

目前塑料片材行业应加快产业结构调整，加快现代企业制度建设；要加倍重视人力资源开发，提高全行业整体素质；要依靠科技进步，加快产业升级和技术创新；要不断调整产品结构，提高装备技术水平；要大力争创名牌产品，认真实施可持续发展战略；要同心同德，与时俱进，在激烈的国内外市场竞争中得到持续快速稳定健康发展。

第四节　产品配方研究

配方分析可以帮助快速、准确地获得样品的基本配方，应用于新产品研发方面，配方分析可能大幅度的缩短研发周期，降低技术成本，也可以分析国内外产品配方，用于指导配方分析，了解同行的配方。

1. 配方分析实力

公司根据不同材质不同用途按照其相关检验标准进行检测，以化学仪器分析数据为依据，以丰富的材料分析经验、专业的分析手段和数据处理方式为支撑，配合生产验证结果。根据目标材料与样品实用条件和目标性能，公司即可设计研究材料配方，生产出更好的更能符合市场需求的片材。

2. 配方分析范围

塑料制品分析：塑料母粒、食品包装用塑料片材、药品包装用塑料片材、板材。

塑料配方设计是对塑料配方的认识。最终目的就是设计出一个高性能、易加工、低价格的配方设计，而想要设计出这样一个配方并非易事，需要考虑的因素很多。可以总结为选材、搭配、用量、混合四大要素。

具体而言设计一个完善的配方，要保证适当的可加工性能，以保证制品的成型，并对加工设备和使用环境无不良影响。第一是原料的选择，就是树脂的选择，树脂的性质要与所期望的产品有相近的性质，这样可以减少改性时所需要的助剂，比如要制作透明的产品就要选择透明的树脂PVC、PET等，如果要制作耐磨的产品就要选择耐磨的树脂，其次对原料批次的选择，要尽量选择同一品牌、同一批号的原料，这样可以使产品质量更稳定。第二是助剂的选择和使用，按要达到的目的选择合适的助剂品种，所加入助剂应能充分发挥其预计功效，并达到规定指标。助剂的选择范围很广泛，增韧、增强、耐磨、耐热等，助剂选择有下面的一些注意事项：（1）按要达到的目的选用助剂。（2）助剂对树

121

脂具有选择性，同种助剂对不同的树脂影响不同。(3)助剂的形态，如助剂的形状、助剂的粒度、助剂的表面处理等都会对改性作用产生不同的影响。(4)助剂的合理加入量。(5)助剂与其他组分关系，配方中所选用的助剂在发挥自身作用的同时，应不劣化或最小限定地影响其他助剂功效的发挥，最好与其他助剂有协同作用。

第五节 管理研究

1. 目的

为搞好公司技术项目管理，结合公司实际，特制定本制度。

2. 适用范围

本制度适用于公司技术项目管理。技术项目包括：

新产品研发项目；

技术改进项目；

其他项目。

3. 管理职责

（1）技术部负责公司技术项目管理，包括项目的立项、监督、检查、协调、考核、验收等。

（2）研发中心负责新产品的研发及公司产品技术进步。

（3）财务部负责技术项目投资费用的管理。

（4）质量管理部负责技术项目的分析检测。

（5）办公室负责技术项目的环保、消防、劳动安全及工业卫生管理。

（6）公司各有关单位和员工根据其职能、职责均有调研、申报技术项目的责任和义务。

4. 技术项目来源与立项

（1）技术项目必须符合中央及地方政府的有关政策、法律、法规、规章、规范、制度等，必须符合公司的经营目标和产业结构、产品结构调整战略；鼓励技术项目列入各级政府科技开发、科学技术研究等计划。

（2）技术项目来源：

公司决策层提出的战略性课题；

基层单位提出的课题。

（3）立项条件：

公司生产、安全、发展急需的重大技术攻关；

具有高市场占有率、高技术含量、高附加值，可形成主导产业，经济效益显著的产品、装备与工艺技术研究开发；

显著提高生产效率、产品质量，节支降耗的工艺、技术与装备研究开发；

促进产品结构调整、改造提升传统产业的高新技术引进、消化与应用。

（4）申报技术项目的立项程序：

研发项目(小试及中试项目)　研发中心负责编制项目任务书，并提供相关附件，由技术部负责组织专家对拟立项的项目进行技术经济可行性论证。通过论证的项目，报请主管领导审批备案，列入公司技术项目开发计划。相关部门依此开展相关工作。

工业化项目　工业化项目原则上必须经过中试验证后方可实施。根据公司年度技术项目计划、中试技术资料、工程技术规范及公司领导要求，由项目所在单位与研发中心共同组建项目组，编制项目计划任务书，提请专家组对项目进行技术经济可行性论证。通过论证的项目，报请主管领导审批。经审批后，项目组及相关部门据此开展相关工作。

（5）项目审批权限

经公司总工程师审批，报公司总经理审定。

5. 技术项目实施

项目组依照审批的项目计划任务书组织开展工作。

技术项目进行中有调整的，须由项目组提出书面意见，依上述程序批准。

6. 技术项目验收

（1）验收原则

实施完毕的技术项目，技术资料齐全，验收的技术数据和结果必须符合有关规范要求。

（2）验收程序

项目完成后，项目组依照项目计划任务书，准备验收资料，编写项目总结报告，向技术项目主管部门提交验收申请和有关验收资料。

（3）项目实施要做到安全第一。项目组在技术项目实施过程中，要制定安全措施，落实安全责任制，精心组织，精心施工，保证安全无重大事故。

7. 奖惩

（1）项目通过验收后，技术项目主管部门根据公司《项目奖励办法》提出奖惩意见。

（2）鼓励将符合公司发展战略的技术项目列入各级政府计划，以争取政府的有效支持。

8. 附则

（1）所有技术项目产权属于公司所有，任何人未经公司批准不得以任何方式向外泄漏或转让，否则将追究其法律责任。

（2）技术项目主管部门要对符合申报政府奖励的技术项目，按规定积极组织申报。

（3）列入政府计划的技术项目在按公司规定的制度管理的同时，依照政府有关规定管理。

（4）公司过去颁布的有关规定和文件与现行制度不符之处，依此制度为准。

（5）制度由技术部负责解释、修订。

（6）制度自发布之日起执行。

第五章 典型案例分析

为了进一步搞好安全生产，真正使广大干部职工从已发生的事故中汲取教训，引以为戒，预防类似事故的发生，特整理了众多案例进行分析。

一、违章作业，引起大火

事故时间：1995 年 12 月 2 日 15 时

事故地点：TMP（三羟甲基丙烷）车间环合工段平台下

事故经过和危害：

1995 年 12 月 2 日 15 时，某安装队在 TMP 车间环合工段，用气割割盐水管道时，由于乙炔管路漏气，气割落下的火花点燃了漏气部位，乙炔管路燃烧，引燃了地面母液残渣（含有大量有机物及醇类），地面的明火同时引燃了车间地沟内未冲走的残渣（平时地沟未及时冲洗），大火从窗而出，窜到距车间 1m 的乙醇罐上，整个车间内浓烟滚滚，火势难以控制，用灭火器扑救作用已不大，幸亏用消防水降温，并及时报 119 火警，在全厂职工的努力下，10min 后把火扑灭，避免乙醇罐爆炸。

事故原因分析：

（1）车间内动火前没有采取安全防护措施，彻底清理周围易燃物。

（2）安装队明知上午发生过管路漏气现象，不查明原因，继续使用，属违章操作。

（3）外来人员安全技术知识缺乏。

（4）平时车间现场管理不到位。

同类事故防止措施：

（1）车间内动火必须先办理动火申请工作单，采取安全防护惜施。动火前必须清理周围环境，用水冲洗干净地面易燃物并停产隔绝易燃空间。

（2）对全体职工进行一次安全知识培训。

（3）加强对外来施工人员的安全教育和监督。

二、试验自制设备爆炸，造成双眼受伤

事故时间：1996 年 3 月 16 日 8 时

事故地点：溴化钠车间

事故经过和危害：

1996 年 3 月 16 日上午，溴化钠车间一名操作工正在试验肥城安装队加工自制的浓缩锅，当阀门开到 0.25MPa 时，浓缩锅外夹套上口焊缝突然分裂爆炸，将部分焊渣和保温玻璃纤维打入操作工的双眼中，两眼鲜血直流，导致半年没有上班。

事故原因分析：

（1）安装队没有资格制作压力容器，又加上图纸是本厂设计的，不符合要求。

（2）操作者违反操作规程，锅底阀门开的太小，使夹套内承受不了工作压力，造成爆炸。

（3）新设备试车，车间负责人没有到现场，没有监护人，违反规定。

同类事故防止措施：

（1）购买使用非标压力设备时必须到有资质的厂家设计和加工。

（2）新设备安装成试验必须有安装试验计划，经过设备部同意，设备部、车间负责人到场监督试验。

（3）加强操作工的管理与培训，严禁违章操作。

三、工作图快，引发爆炸

事故时间：1996 年 3 月 28 日 9 时

事故地点：甲醇钠车间

事故经过和危害：

1996 年 3 月 28 日上午，甲醇钠南两名操作工抽好甲醇，打开反应釜盖，一人解金属钠袋口，一人向锅内投锅，当投到第三块时，为了图省事，就托起袋子往反应釜中倒，只听"轰"的一声，车间四周玻璃全部炸成碎片，整个车间一片烟雾，一人从梯口跑出，另一人躲到房间西南角。爆炸压力（带火）从釜口喷出，幸亏两名操作工未正对釜口，才避免人身伤亡，但一操作工面部严重烧伤。

事故原因分析：

（1）两人严重违反了甲醇钠生产操作规范，将金属钠一起投入反应釜中。

（2）安全知识淡薄。

（3）反应釜未彻底晾干，内有氯气、氧气、甲醇等混合气体，当钠一起投入时，因钠与釜壁碰撞剧烈，产生火花，引起混合气体爆炸。

同类事故防止措施：

（1）严格按各工段安全操作规章操作，反应釜必须烘干晾干后才能投料。

（2）加强安全知识教育。

（3）对违反规章制度者进行重罚。

四、不带防护手套，引起中毒

事故时间：**1996 年 4 月 17 日上午**

事故地点：**某车间甲化工段**

事故经过和危害：

1996 年 4 月 17 日上午，某职工在甲化工段操作时，发现离心机房边有一堆 TMP 粗品，拿桶来便赤手往里收，当这位职工收完时，感觉身体不舒服眼发红，便送往医院，诊断为硫酸二甲酯中毒。

事故原因分析：

（1）该职工没有戴防护手套，粗品中含有反应剩余的硫酸二甲酯。

（2）操作时改变了工艺参数，使硫酸二甲酯过量，没有中和彻底。

（3）工作现场没有备好必要的防护措施如氨水等。

同类事故防止措施：

（1）工艺参数的改动，必须经过分管经理同意，生产部备案。

（2）劳保用品在岗时必须要充分利用，特别是特殊岗位。

（3）有毒原料要有防范措施，发生意外时及时处理。

五、保管员发错料，造成万元损失

事故时间：1996 年 4 月 12 日

事故地点：某车间甲氧化工段

事故经过和危害：

1996 年 4 月 12 日，供应部某保管员，将 DCC 的原料吡啶误认为 TMP 的原料 DMF 发放出库，某车间领取后，没有详细检查实物与领料单是否相符，就匆忙投料生产，发现反应不对时，已经无法挽回，将料全部放掉，幸亏没有发生其他副反应，引发危险事故发生，直接经济损失万元以上。

事故原因分析：

（1）保管员责任心不强，没有严把原料出库关。

（2）没有执行物料验收、储存、出库管理制度。

（3）车间内使用原料时没有检查原料名称是否相符以及质量、重量等指标。

同类事故防止措施：

（1）对全体职工要加强主人翁教育，增强职工的责任感。

（2）严格执行公司内部的有关制度。

（3）加强对职工的业务知识培训，提高职工的业务素质。

六、备错料，投差料，发生爆炸

事故时间：1996 年 10 月 15 日

事故地点：TMP 车间环合工段

事故经过和危害：

1996 年 10 月 15 日下午，一临时工将混醇桶备到环合车间附近准备投料用，班长同主操把备好的料抽到反应釜中，加温反应，发现釜中温度上升很快有异常，正在分析原因时，主操开动搅拌，只听"轰"的一声，上好的反应釜入孔盖卡子断裂，将入孔盖炸开，釜中料液喷到屋顶，车间内烟雾弥漫。在场的4名操作工有的烫伤有的中毒，被送往医院。若入孔盖碰撞到人，将会导致人身伤亡。

事故原因分析：

（1）将缩合工段的丙烯腈当作混醇，丙烯腈遇碱发生自聚而产生爆炸。

（2）班长和主操作抽料时没有检查。将丙烯腈当作混醇。

（3）反应出现升温异常迅速时，不应搅拌，而应实施降温处理并及时开启所有放空管道。

同类事故防止措施：

（1）临时工上岗前要培训，特别是培训安全常识和掌握原料的性质，日常工作中也要加强监督指导。

（2）投料时要有投料人和复核人检查。

（3）严格执行工艺规程和遵守异常现象处理方法。

（4）车间内物料标识要明显，原料存放采用定量管理。

七、清理反应釜，被锚撞头晕

事故时间：1996 年 10 月 15 日

事故地点：TMP 车间环合工段

事故经过和危害：

1996 年 10 月 15 日，TMP 车间环合工段因反应釜长期使用，釜壁中产生了垢，为了清除垢，某操作工从入口孔下去清刷，不多时，另一位操作工开动了其他反应釜的搅拌后，过去顺手开了此反应釜的搅拌，在下面除垢的某操作工被锚搅的旋转，发出

"吱吱"的声音，平台上的操作工听到后，马上关闭了开关，把某操作工救上来，该工人头晕、不能站立，一周不能上班。

事故原因分析：

（1）进入容器（反应釜）没有办理进入容器许可证。

（2）在外没有人监护和做标志。

（3）违反设备操作规程。

同类事故防止措施：

（1）严格进入容器管理制度，进入容器前必须办理进入容器许可证。

（2）检修设备要有安全标志。

（3）要有专人监护，不能离开现场。

八、不戴目镜看料液，料液飞溅满脸

事故时间：1996 年 8 月 12 日 10 时

事故地点：TMP 车间缩合工段离心机

事故经过和危害：

1996 年 8 月 12 日上午，TMP 车间三名职工正在离心，孙某刚把离心机放满料液，来到门口推小车，回头看见刘某又在往离心机放料，孙某就过去对刘某说放满了，于是孙某便看看离心机料液现状，这时刘某从离心机往外拿管子。料液被高速转动的离心机甩打在了孙某的脸上，造成孙某眼部碱液严重烧伤及腈类物质中毒。

事故原因分析：

（1）违反工艺操作规程，放料管没有完全流出料液就向外拿管子。

（2）上班时不按规定戴防护用品，特别是关键岗位必须戴防护用具。

同类事故防止措施：

（1）加强对职工安全工艺操作的培训。

（2）上班时必须戴规定的防护用品。

九、晚上在岗睡觉，醒后差点爆炸

事故时间：1997 年 4 月 20 日

事故地点：某车间甲氧化工段

事故经过和危害：

1997 年 4 月 20 日凌晨 4 点，制冷班某操作工一人值班睡觉，所看管的设备循环水泵自动停止，全厂冷却循环水断流，这时 TMB（四甲基联苯胺）甲氧化工段正在投料、反应，用冷却水降温时发现没有水，TMB 操作工及时叫醒制冷班某操作工两次，但制冷班操作工不知道停了循环水。这时高压反应釜瞬间压力剧增到 1.6MPa，幸亏 TMB 车间操作工发现早及时排空，才避免了一起重大恶性事故的发生。此次事故直接经济损失 9000 元。

事故原因分析：

（1）上班时间睡岗，对所管辖范围区未巡回检查，对工作玩忽职守。

（2）厂规厂纪执行不严。

（3）安全意识淡薄。

同类事故防止措施：

（1）加强劳动纪律管理，严禁夜班睡觉、严禁脱岗等。

（2）对类似情况从严从重处理。

（3）对某操作工全厂通报，扣发 4 个月的奖金，按事故损失额的 10%进行处罚。

十、钠块落地着火，烧坏车间北门

事故时间：1997 年 3 月 15 日

事故地点：甲醇钠车间

事故经过和危害：

1997 年 3 月 15 日上午，甲醇钠车间投完料后，车间内无人，突然着火，冒着浓烟，燃烧到了车间北口的门上，路过的职工发现后，及时叫人灭火并报 119 火警。此时车间地沟的大火已向外蔓延，外面还有 5m³ 甲醇贮罐，车间内反应釜、高位槽内有甲醇存在。如果一起燃烧后果不堪设想。在场人员及时用消防栓水冲洗地面，使水隔断大火向甲醇罐蔓延的通道，10min 后大火熄灭。车间北门被烧坏。

事故原因分析：

（1）投料时，将金属钠碎片掉到了地面上；

（2）车间地面上有积水；

（3）车间地面有洒落的甲醇和甲醇钠；

（4）地面和地沟未及时冲洗、清扫，现场管理差。

同类事故防止措施：

（1）钠碎片千万不能洒落到地上，投完料后要仔细检查平台上以及内衬袋中是否有钠片，不用的钠碎片集中处理。

（2）车间地面不能有积水，撒落的甲醇、甲醇钠及时处理。

（3）只要车间处于生产状态时，必须有人值班。

十一、硫酸二甲酯泄漏引起中毒

事故时间：1997 年 5 月 6 日

事故地点：某车间甲基化工段

事故经过和危害：

1997 年 5 月 6 日上午，某车间甲基化工段某操作工在平台上操作时，二甲酯阀门泄漏没发现，当时有三名职工在平台下给反应釜的旁通更换阀门，二甲酯从平台上淌到平台下，三名职工因二甲酯中毒，在市医院治疗了一周。

事故原因分析：

（1）上班时巡回检查力度不够，未及时发现原料泄漏。

（2）没有戴防毒用具。

（3）重点部位保全工没有定期检查。

同类事故防止措施：

（1）加大设备巡回检查力度。

（2）重点部位要有保全工定期检查。

（3）提高职工的自我保护意识，上班戴劳保用品。

十二、按动按钮不看设备，切断别人中指指尖

事故时间：1998 年 1 月 10 日 18 点 30 分

事故地点：TMP 车间脱色工段

事故经过和危害：

1998 年 1 月 10 日傍晚，甲操作工在向反应釜内加水时，因看不清水位，用左手盘三角带以带动减速机与锚转动，观察水位，这时乙操作工，误认为要开搅拌，不管三七二十一就按下了电动机按钮，转动的皮带轮将甲操作工左手中指指尖削断，被送往医院处理，经过治疗后无法痊愈，造成一定残疾。

事故原因分析：

（1）两操作工严重违反了设备操作规程，三角带在没有监护人的情况下用手转，开启设备前没有先查看设备是否正常。

（2）电动机皮带没有防护罩。

同类事故防止措施：

（1）组织职工认真学习设备安全操作规程。

（2）要在裸露的设备转动部位加防护理（网）。

（3）教育职工养成良好的工作习惯，不要随便手扶转动部件。

十三、干燥机不停清扫卫生，损伤六根肋骨

事故时间：1998 年 1 月 1 日 7 时

事故地点：TMP 车间精制工段

事故经过和危害：

1998 年 1 月 1 日早上，天刚亮，干燥机正在运行，某操作工就用扫帚扫干燥机下面，不小心被旋转的转动轴挂上衣服，连同某操作工绕到转动轴上，这名操作工用力挣脱，电机负荷大，干燥机才停，其右侧六根肋骨折断，头部、胳膊也受伤，送医院做了手术，停工半年。幸亏该操作工力量大，否则其性命难保。

事故原因分析：

（1）违章作业，运转设备在未停止的情况下打扫卫生。

（2）过度疲劳，因这名操作工外出陪床一晚上，回来接着上班。

（3）没有防护设施和安全警示牌。

同类事故防止措施：

（1）制定安全操作规程及注意事项。

（2）设置防护设施和安全标志牌。

（3）上班时间要保持充沛的体力和良好的精神状态。

十四、违章操作，视盅爆炸

事故时间：1998 年 3 月 4 日上午

事故地点：某车间甲氧化工段

事故经过和危害：

1998 年 3 月 4 日上午，某车间甲氧化工段某操作工在 2 号反应釜投完料开始升温反应，升到 0.7MPa 时，"轰"的一声巨响，视盅爆炸，整个视盅破碎，在车间内找不到玻璃碎片。物料喷满车间，溅入某操作工双眼，立即用清水冲洗后送往医院，治疗 15 天后出院，双眼视力分别有不同程度的下降。

事故原因分析：

（1）违反工艺操作规程，加料后没有关闭放料阀门，开始升温前未检查高压釜所有阀门是否关闭。

（2）上班没有戴护目镜。

同类事故防止措施：

（1）组织职工认真学习安全操作规程，并严格执行。

（2）上班时要穿戴规定的劳保用品。

（3）教育职工树立安全第一的思想。工作时要谨慎细心，切勿马虎大意。

十五、电机不防爆致甲醇燃烧

事故时间：1998 年 7 月 1 日中午

事故地点：醇分离车间西部

事故经过和危害：

1998 年 7 月 1 日中午，外地送来一车甲醇，某保管员和甲醇车间的一名操作工将放料管接入泵子，刚一开泵子周围甲醇燃

烧。外地司机跳车逃跑，保管员和操作工迅速拿来灭火器将火扑灭，才避免了爆炸。此处有 100t 的甲醇罐，若起火，后果不堪设想。

事故原因分析：

（1）泵子电机不是防爆电机。

（2）电线接头打火。

（3）放料管与铁管接口处漏甲醇。

同类事故防止措施：

（1）易燃液体所用泵子必须是防爆的。

（2）电线接头一定接牢，并定期检查。

（3）电泵同储罐必须保持一定距离，接口处要牢固。

十六、受力不匀，视镜爆碎

事放时间：1998 年 12 月 3 日晚

事故地点：九车间甲氧化工段

事故经过和危害：

1998 年 12 月 3 日晚，3 号高压反应釜物料反应后，降压到 1.1MPa 时，视镜突然发生爆碎，釜中物料及甲醇喷出。整个车间一片烟雾。此时，如果电路打火极有可能车间发生爆炸。若操作工面对视镜，后果不堪设想。

事故原因分析：

（1）视镜受力不匀。

（2）投料前没有检查视镜完好状况。

同类事故防止措施：

（1）投料前首先检查视镜状况，更换视镜时一定要放平，受力均匀，要有复核人。

（2）反应时，不要站在视镜的正面。

（3）严格遵守安全操作规程。

（4）高压釜只有一个视镜供放料用，升温时一定要将视孔灯取下。

十七、密封垫泄漏，三角带打滑，引起着火

事故时间：1999 年 3 月 23 日晚

事故地点：TMP 车间 4 号反应釜

事故经过和危害：

1999 年 3 月 23 日晚，TMP 车间生产一班 4 号反应釜表面上，突然着火，这时正在回流，在岗的唯一一名操作工看到火后，马上跑出去叫人救火。其他车间的职工听到后，拿起灭火器，向着火点跑去及时扑灭了着火，没有造成损失。

事故原因分析：

（1）设备密封垫不严泄漏甲醇。

（2）电机三角带打滑产生火花。

（3）车间内部管理不善，设备检修不及时。

同类事故防止措施：

（1）加强车间内部设备管理，对跑、冒、滴、漏及时处理。

（2）对维修人员实行设备维修责任制。

（3）发现刚着火时要及时用灭火器处理，然后再叫其他人灭火，不要错过了灭火的最佳时机。

十八、违章操作，右手致残

事故时间：1999 年 12 月 26 日 12 时

事故地点：塑编车间

事故经过和危害：

1999 年 12 月 26 日，塑编车间某操作工在印刷机前负责输送袋片，刚印刷了 200 余条后，某操作工发现胶板上沾了一块杂物，未关机就站起来用拇指和食指取，右手被对转的胶辊与铁辊紧紧夹在一起，致使大拇指截肢，食指、中指各取掉一截。

事故原因分析：

（1）操作工违章，在不停机的情况下，用手拿杂物。

（2）车间内无安全操作规程、安全标志牌。

（3）操作工安全技术知识缺乏。

同类事故防止措施：

（1）对车间的工人进行一次全面的安全教育，增强安全意识。

（2）建立各项规章制度，严格执行。

（3）安全操作规程要上墙，安全标志齐全。

十九、梯子滑倒，摔伤胳膊

事故时间：2000 年 6 月 9 日下午

事故地点：某车间甲氧化工段

事故经过和危害：

2000 年 6 月 9 日下午，某电工在某车间甲氧化工段平台上更换灯泡时，脚踩的三角梯突然歪倒，使某电工从高处跌下将右胳膊摔伤，立即送往市人民医院，诊断为右上肢克雷氏骨折。

事故原因分析：

（1）没有将三角梯固定牢。

（2）登高作业时没人协助。

（3）忽视了安全。

同类事故防止措施：

（1）提高职工的安全意识，无论在什么样的条件下、都要注意安全。

（2）每干一项工作都要采取可靠的安全措施。

（3）电工在登高或带电作业时要有人监护。

二十、用角铁别离心机，腮上豁出大口子

事故时间：**2000 年 6 月 24 日上午**

事故地点：**某车间离心机旁**

事故经过和危害：

2000 年 6 月 24 日上午，某新操作工在离心时，离心机还在惯性转动，急于停止，就用角铁别，以阻止离心机停转，被转动的离心机打出的角铁刺入腮中，豁出 5cm 的口子，鲜血直流，立即送往医院，幸亏没有打在脑部。

事故原因分析：

（1）严重违反设备安全操作规程。

（2）新职工安全意识淡薄。

同类事故防止措施：

（1）重新学习设备安全操作规程，加强安全教育。

（2）对明知故犯者进行重罚。

（3）本人写出检讨。

二十一、关阀门掉下管子，甲醇钠溅满脸灼伤双眼

事故时间：**2000 年 9 月 1 日早上**

事故地点：**甲醇钠车间**

事故经过和危害：

2000 年 9 月 1 日早上，甲醇钠车间某操作工准备将反应釜中

的甲醇钠放入桶中，刚开阀门，之前安装在上面的放料管突然掉下，流出来的甲醇钠淌在了某操作工仰面的脸上，眼部严重烧伤，用清水冲洗后立即送往市医院。

事故原因分析：

（1）批料前没有对管子接口进行检查。

（2）没有戴防护用品，如护目镜。

同类事故防止措施：

（1）管子接口处在放料前检查，并用铁丝扎牢。

（2）上班时必须戴劳动防护、用具。

（3）制订放料安全操作规程。

二十二、违章操作提升机，托盘与上端顶撞致使外部变形

事故时间：2000 年 11 月 11 日 9 时

事故地点：成品仓库

事故经过和危害：

2000 年 11 月 11 日 9 时，溴化钠车间人员未经允许，使用仓库提升机，当提升机上升到上部限位时，没有马上停车，造成了托盘与上端顶撞，使提升机外部变形，钢丝绳拉断一半。

事故原因分析：

（1）溴化钠车间人员使用不当，违章操作。

（2）仓库人员不在现场，没有监督和指导。

（3）没有限位保护装置。

同类事故防止措施：

（1）各单位提升机要有专人操作，要熟知操作知识。

（2）仓库的提升机要有保管人员操作，未经许可严禁其他人使用。

（3）安装提升机限位保护装置。

二十三、火星落入地沟，发生着火

事故时间：2000 年 9 月 15 日上午

事故地点：TMP 二车间东邻

事故经过和危害：

2000 年 9 月 15 日上午，TMP 三车间准备从储罐区丙烯腈罐铺设管道到 TMP 三车间，某维修工在二车间东就用气割下料（另一位操作工去办理动火证），二车间在上班的人员看到地沟冒烟，整个地沟燃烧发出"彭彭"的声音，丙烯腈进料塑料管燃烧，马上拿起灭火器，铺开消防带及时把火扑灭。丙烯腈管子表面被烧焦变形，幸亏没有燃烧丙烯腈罐。

事故原因分析：

（1）地沟中有易燃液体。此地沟不流通，浓度越来越大，遇明火燃烧。

（2）动火前没有办好动火许可证。

（3）没有人在场监护。

同类事故防止措施：

（1）生产区内地沟要流通，不流通的定期用水冲。

（2）动火必须远离地沟或用水将地沟冲淡。

（3）动火前必须先办理好动火证，安全措施可靠，经过检查后方可动火。

二十四、溴素坛破裂，两操作工脚被烧伤

事故时间：2000 年 11 月 12 日

事故地点：二溴醛车间

事故经过和危害：

2000 年 11 月 12 日，二溴醛车间两抽溴素职工在抬坛子时，突然外包装，底部木板折断，溴素坛子掉在地上破裂，溴素溅到两职工的裤子和鞋上，造成两职工脚部和腿部严重烧伤，并且大面积溃烂。

事故原因分析：

（1）溴素外包装木板腐烂。

（2）抬溴素坛前没有仔细检查外包装是否牢固。

（3）没有穿防酸服和防酸胶鞋。

同类事故防止措施：

（1）供应部采购溴素时，要对外包装提出要求和检查。

（2）在搬动溴素坛时要仔细检查，轻拿轻放。

（3）上班时穿戴全必需的劳动防护用品。

二十五、烘箱风口处用塑编袋堵，引起着火

事故时间：2001 年 3 月 17 日 4 时

事故地点：硝酸胍烘箱处

事故经过和危害：

2001 年 3 月 17 日凌晨，夜间值班人员查岗时，发现硝酸胍烘箱风口处着火，箱体内冒烟，附近车间上班人员看到后立即用灭火器扑灭。烘箱体内硝酸胍熏黑。

事故原因分析：

（1）夜间烘料无人值班。

（2）烘箱温度超过了规定标准。

（3）风口处用塑编袋堵口。

同类事故防止措施：

（1）规定所有夜间运行的设备必须有人值班。

（2）组织职工学习工艺安全操作规程。

（3）风口处用不易燃的铁网和铁片控制进风大小。

二十六、麻痹大意，苯胺中毒

事故时间：2001 年 3 月 27 日 3 时

事故地点：TMP 二车间

事故经过和危害：

2001 年 3 月 27 日凌晨，TMP 二车间某操作工进行二次抽料时，不小心将苯胺桶弄倒。苯胺从未上紧的桶盖中流出，某操作工向上抬起时，顺其手腕进入手套中，某操作工只用水简单冲洗后，带上手套继续操作，过了一个多小时，其嘴唇发紫，浑身无力，吐字不清，立即送往市人民医，诊断为苯胺中毒。

事故原因分析：

（1）苯胺是剧毒物品，该操作工不够重视。

（2）苯胺是油状液体，用水冲很难去净，又带上手套。

（3）自我防护意识淡薄，麻痹大意。

同类事故防止措施：

（1）增强职工对公司原料毒性及防护知识的学习。

（2）加强安全教育，提高职工的自我防护意识。

二十七、使用违规设备，险些造成人员伤亡

事故时间：2001 年 6 月 12 日

事故地点：二溴醛车间

事故经过和危害：

2001 年 6 月 12 日早上，二溴醛车间甲班一位操作工将八坛

溴素搬到提升机托盘上，另一位在平台上操作提升机。当提升机托盘到平台时，按钮失控，提升机托盘直向上升，将钢丝绳绞断，顺轨高速滑下，将八坛溴素摔得粉碎，溴素溅出很远。幸亏下面的操作工听到上面的操作工喊声后跑开，才避免了一场大的人身伤亡事故的发生，只是一位操作工扭伤了脚弯。该事故造成直接经济损失 2000 元以上。

事故原因分析：

（1）提升机没有限位器、布线器等安全保护措施，属于违规设备。

（2）提升机电器没有定期维修，致使开关失灵。

（3）对该提升机早已通知整改，还继续使用，属于违章指挥。

同类事故防止措施：

（1）对提升机立即安装限位器、布线器等安全附件，符合规定要求。

（2）加强提升设备的定期维护、保养。

（3）对违规设备操作工有权拒绝使用。

二十八、离心机失修，飞车碰伤两职工

事故时间：2001 年 9 月 6 日

事故地点：某公司一车间

事故经过和危害：

2001 年 9 月 6 日上午，某公司一车间两名离心机操作工正在看守离心机离心时，突然离心机解体，设备碎片乱飞，旋滚的离心机罩碰伤两位操作工，其中幸亏一人在墙角站着，否则后果不堪设想。两受伤者立即送往医院。

事故原因分析：

（1）离心机在强腐蚀环境中使用，无定期检查、维修。

（2）离心机招标购进，但只重价格，忽视了质量。

同类事故防止措施：

（1）制定设备维修计划，特别是在恶劣环境中使用的设备应定期检查、维修。发现故障及时排除。

（2）设备购进时在保证质量和安全装置齐全的情况下，再将考虑价格。

二十九、操作失误，造成爆炸

事故时间：2001 年 6 月 14 日 15 点 40 分

事故地点：二车间一步工段

事故经过和危害：

2001 年 6 月 14 日 15 点 40 分，二车间一步工段某操作工刚接完班，蒸油箱正在运行中，某操作工看到真空没有达到要求，就去平台下看油箱桶，只听"砰"的一声，蒸汽鼓开锅口垫，蒸汽弥漫整个车间，幸亏没有人在反应釜旁边，才避免了一场伤亡事故。该事故造成直接经济损失 3000 元。

事故原因分析：

（1）加热时没有打开出料阀，本来负压蒸馏的反应釜成了正压。

（2）操作工操作不够熟练。

同类事故防止捎施：

（1）加强特殊岗位的安全操作培训，掌握应知应会。

（2）严格执行交接班制度。

（3）操作工要加强责任心，精心操作。

三十、操作不当，酿成大火

事故时间：**2001 年 9 月 14 日 18 时**

事故地点：**三车间**

事故经过和危害：

2001 年 9 月 14 日 18 时，三车间回收工段某操作工在中和二步工段甲醇时开启滴加阀门发现硫酸不滴，去查原因发现高位槽放空阀门未开，就随手打开了阀门，硫酸快速滴入釜内，同甲醇剧烈反应，使其沸出釜外，溅到了反应釜旁边的数显仪上，从平台上淌到了车间地面，霎时，火从平台引到了车间地面。大火遍布整个车间。全公司职工闻讯迅速拿来灭火器，铺设消防带，经过十分钟左右将火扑灭。避免了一场大的悲剧发生。该事故造成直接经济损失 5000 元左右。

事故原因分析：

（1）没有关闭硫酸滴加阀，在打开放空阀门时，硫酸快速滴入反应釜中，反应剧烈，致使沸料。

（2）数显仪不是防爆型的。

（3）操作工麻痹大意，操作不当。

同类事故防止措施：

（1）各车间制定特殊岗位安全操作规程，并使职工严格执行。

（2）防爆车间必须使用防爆设备、电器等。

（3）加强安全教育，提高职工安全意识。

第六章 生产安全事故预防措施

（1）按照《建筑法》《安全生产法》《建设工程安全生产管理条例》等国家、省、市、公司有关安全生产的法律、法规、条例、标准、规范的规定、要求，成立安全生产管理机构，配备齐专职安全生产管理人员，制定安全生产管理规章制度、各类人员的安全生产责任制度及各工程的操作规程，并严格遵守和执行。

（2）对施工各类人员进行操作规程培训和安全培训教育及考核，不断提高其安全生产知识考试(考核)，合格后方可持证上岗工作。

（3）建设单位在概算中确定的建设工程作业环境及安全施工费用，要足额按期付给施工单位，施工单位对列入建设工程概算的安全作业环境及安全施工所需费用，应当用于施工安全防护用具及设施的采购和更新，安全施工措施的落实，安全生产条件的改善，不得挪作他用。向作业人员提供具有生产制造许可证、产品合格证的安全防护用具和安全防护服装。

（4）对新进入工地的工人或进入新的工作岗位及采用新技术、新工艺、新设备、新材料进行施工的作业人员进行安全生产教育培训，考试合格后方可上岗作业，对施工作业人员作业前进行安全生产技术方面交底，告知其作业岗位的危险性、安全操作规程和违章操作的危险，双方签字认可。

（5）教育作业人员应当遵守安全施工的强制性标准、规章制度和操作规程，正确使用安全防护用具、机械设备等，并有权拒绝违章指挥和强令冒险作业。

（6）对达到一定规模的危险性较大的分部分项工程，编制专项安全施工方案，经技术负责人、总监理工程师签字后实施。

（7）加强安全生产管理，对在建工程项目的施工安全和安全防护设施进行日常和定期及专项安全检查，对检查出的安全隐患及时整改、消除，并做好检查、整改记录，制止违章指挥、违章作业、违反劳动纪律的现象发生。

（8）防护措施

① 防止高处坠落物体打击措施

主体用密目安全网全封闭施工，网内下设硬防护棚，每高十米设一道兜网，做好四口五临边的安全防护设施，进入施工现场必须戴好安全帽，高处作业正确佩戴安全带，严禁从高处往下扔任何东西，交叉作业要有防护措施。

② 防止机械伤害措施

使用的机械设备、施工机具应当具有生产（制造）许可证、产品合格证，进入施工现场进行查验，安装后必须经过验收合格后方可使用、机械设备、施工机具及配件必须由专人管理，定期进行检查、维修和保养，不使用报废及国家禁止使用的设备。起重机械安装拆除必须由有安拆资质的队伍进行操作并在安装拆除前告知市建设局管理部门，在验收前应当经有相应资质的检验检测机构检测合格，机械设备操作人员按要求经有关部门培训，考核合格后持操作证上岗作业，并严格遵守操作规程，按起重吊装方案进行作业，必须严格遵守十不吊的规定。

③ 防电伤害措施

施工现场临时用电采用 TN-S 系统，执行三级配电、二级保护的用电原则，电源线、电闸箱、电器及外电防护防雷击、防火等按经过审批的临时用电施工组织设计（方案）中的要求进行采购、制作、架设、安装、操作，严格执行 JGJ46—2005《施工现场临时用电安全技术规范》标准。

④ 防火灾措施

制定防火制度，教育施工人员遵守，成立防火组织、灭火队伍，配齐各种防火器具，严加预防。

⑤ 防中毒、防传染病措施

现场严禁使用有毒物品，制定卫生制度，建立卫生医疗室，配备常用急救药品及用品，并设专人负责，加强办公室、休息室环境卫生管理，发现有传染病的马上隔离。

参 考 文 献

［1］厉蕾，等．塑料技术标准手册［M］．北京：化学工业出版社，1996.

［2］董文尧．质量管理学［M］．北京：清华大学出版社，2006.

［3］郑晓明．工作分析实务手册［M］．北京：机械工业出版社，2002.

［4］孟祥林．浅议化工安全生产与管理［J］．化工管理，2015.

［5］刘丽．企业安全生产管理分析［J］．企业研究，2011.